네이피어가 들려주는 로그 이야기

수학자가 들려주는 수학 이야기 39

네이피어가 들려주는 로그 이야기

ⓒ 김승태, 2008

초판 1쇄 발행일 | 2008년 9월 2일
초판 21쇄 발행일 | 2023년 6월 1일

지은이 | 김승태
펴낸이 | 정은영

펴낸곳 | (주)자음과모음
출판등록 | 2001년 11월 28일 제2001-000259호
주소 | 10881 경기도 파주시 회동길 325-20
전화 | 편집부 (02)324-2347, 경영지원부 (02)325-6047
팩스 | 편집부 (02)324-2348, 경영지원부 (02)2648-1311
e-mail | jamoteen@jamobook.com

ISBN 978-89-544-1585-9 (04410)

39

네이피어가 들려주는

로그 이야기

| 김 승 태 지음 |

㈜자음과모음

수학자라는 거인의 어깨 위에서
보다 멀리, 보다 넓게 바라보는 수학의 세계!

　수학 교과서는 대개 '결과'로서의 수학을 연역적으로 제시하는 경향이 강하기 때문에 학생들은 수학이 끊임없이 진화해 왔다는 생각을 하기 어렵습니다. 그렇지만 수학의 역사는 하나의 문제가 등장하고 그에 대해 많은 수학자들이 고심하고 이를 해결하는 가운데 새로운 아이디어가 출현해 온 역동적인 과정입니다.

　〈수학자가 들려주는 수학 이야기〉는 수학 주제들의 발생 과정을 수학자들의 목소리를 통해 친근하게 이야기 형식으로 들려주기 때문에 학생들이 수학을 '과거완료형'이 아닌 '현재진행형'으로 인식하는 데 도움이 될 것입니다.

　학생들이 수학을 어려워하는 요인 중의 하나는 '추상성'이 강한 수학적 사고의 특성과 '구체성'을 선호하는 학생의 사고의 특성 사이의 괴리입니다. 이런 괴리를 줄이기 위해서 수학의 추상성을 희석시키고 수학 개념과 원리의 설명에 구체성을 부여하는 것이 필요한데, 〈수학자가 들려주는 수학 이야기〉는 수학 교과서의 내용을 생동감 있게 재구성함으로써 추상적인 수학을 구체성을 갖는 수학으로 변모시키고 있습니다. 또한 중간중간에 곁들여진 수학자들의 에피소드는 자칫 무료해지기 쉬운 수학 공부에 있어 윤활유 역할을 할 수 있을 것입니다.

〈수학자가 들려주는 수학 이야기〉의 구성을 보면 우선 수학자의 업적을 개략적으로 소개하고, 6~9개의 강의를 통해 수학 내적 세계와 외적 세계, 교실 안과 밖을 넘나들며 수학 개념과 원리들을 소개한 후 마지막으로 강의에서 다룬 내용들을 정리합니다. 이런 책의 흐름을 따라 읽다 보면 각 시리즈가 다루고 있는 주제에 대한 전체적이고 통합적인 이해가 가능하도록 구성되어 있습니다.

〈수학자가 들려주는 수학 이야기〉는 학교 수학 교과 과정과 긴밀하게 맞물려 있으며, 전체 시리즈를 통해 학교 수학의 많은 내용들을 다룹니다. 예를 들어《라이프니츠가 들려주는 기수법 이야기》는 수가 만들어진 배경, 원시적인 기수법에서 위치적 기수법으로의 발전 과정, 0의 출현, 라이프니츠의 이진법에 이르기까지를 다루고 있는데, 이는 중학교 1학년의 기수법의 내용을 충실히 반영합니다. 따라서 〈수학자가 들려주는 수학 이야기〉를 학교 수학 공부와 병행하면서 읽는다면 교과서 내용의 소화 흡수를 도울 수 있는 효소 역할을 할 수 있을 것입니다.

뉴턴이 'On the shoulders of giants' 라는 표현을 썼던 것처럼, 수학자라는 거인의 어깨 위에서는 보다 멀리, 넓게 바라볼 수 있습니다. 학생들이 〈수학자가 들려주는 수학 이야기〉를 읽으면서 각 수학자들의 어깨 위에서 보다 수월하게 수학의 세계를 내다보는 기회를 갖기를 바랍니다.

홍익대학교 수학교육과 교수 |《수학 콘서트》 저자 **박 경 미**

세상의 진리를 수학으로 꿰뚫어 보는 맛
그 맛을 경험시켜 주는 '로그' 이야기

네이피어라는 수학자는 그야말로 괴짜 수학자입니다. 자신의 괴짜 같은 성격만큼이나 수학에 대한 엄청난 열정을 가진 학자이기도 합니다. 오래 전 그가 발명한 로그는 당시 천문학자들에게 엄청난 도움을 주었습니다. 그리고 오늘날에도 로그는 세상의 여러 분야에서 활용되고 있습니다.

맨 처음 로그는 큰 수를 수월하게 계산하기 위해, 즉 우리를 도와주기 위해 이 세상에 태어났습니다. 하지만 그 낯선 생김새나 수학에 대한 두려움 때문에 일반인들에게 어렵게 느껴진 것이 사실입니다. 하지만 이제부터라도 로그를 보게 되면 무조건 무섭게 생긴 기호구나 생각하지 말고 그 기호가 우리에게 큰 수를 계산하는 데 도움을 주기 위해 만들어진 고마운 기호구나 생각한다면 로그에 대한 두려움은 점차 사라져 마침내 그 두려움이 0이 되는 순간이 오게 될 것입니다. 그날은 아마도 우리가 학교시험에서도 100점을 맞는 날이 될 것입니다.

수학자 시리즈를 집필하면서 어떻게 하면 우리 학생들이 수학을 잘하게 만들 수 있을까하고 많은 연구와 고민을 해보았습니다. 우리 학생들이 원수같이 여기는 수학자들을 어떻게 하면 좀 더 친근감이 들게 할수 있을까하는 생각도 해보았습니다. 그래서 수학자들을 마치 우리 선생님이나 친구들처럼, 이야기 할 수 있는 상대로 만들어 어렵게 보이는 수학을 좀 더 쉬운 말로 풀이하는 것이 바로 우리 학생들에게 큰 도움을 줄 수 있겠다는 결론을 내렸습니다. 그 믿음으로 이 책을 집필하였습니다.

옛 속담에 결자해지라는 말이 있습니다. 매듭을 만든 자가 매듭을 풀 수 있다는 뜻입니다. 수학자와 학생들 사이에 알게 모르게 생긴 깊은 골을 풀 수 있는 사람도 다름 아닌 수학자 자신입니다. 수학을 만든 사람이 수학을 풀어준다면 그야말로 멋진 일이 아니겠습니까? 연예인이 극중에서 최선을 다해 연기하면 그가 마치 실제 주인공으로 느껴지는 것처럼, 수학자가 여러분의 연예인이 되어 여러분들에게 어려운 수학 공식에 대해 설명해 준다면 TV 속 연기자들만큼이나 멋진 감동을 선사하지 않을까요?

아무쪼록 여러분의 관심이야말로 수학을 보는 가장 확실한 눈이라는 진리를 잊지 마십시오.

2008년 8월 김 승 태

:: 차례

① 이 책은 달라요

《네이피어가 들려주는 **로그** 이야기》에서는 괴짜 수학자 네이피어가 여러분들에게 로그에 대한 기초지식을 들려줍니다. 이 책에서는 로그를 만들어 낸 수학자이자 주인공인 네이피어 외에도 상용로그를 나타내는 dd라는 용과 켁로그라는 호랑이가 등장하여 네이피어를 도와 로그에 대해 쉽고 재밌게 설명해 줍니다. 아마 여러분들은 이 세 친구들과 함께 재밌고 흥미롭게 로그에 대한 공부를 할 수 있을 것입니다.

사실 로그라는 용어와 쓰임새는 고등학교 2학년이 되어서야 배우게 됩니다. 하지만 로그를 만든 수학자 네이피어와 함께 하는 이 여행은 비단 고등학생뿐만 아니라 초등학생도 쉽게 로그에 대해 공부할 수 있도록 만들어 줍니다. 왜냐면 밤하늘 별자리를 볼 때나, 우리 몸속에 살고 있는 박테리아의 크기를 잴 때도 다름 아닌 로그가 사용되므로 누구나 흥미를 가지고 접근할 수 있기 때문입니다.

로그는 기본적으로, 어려운 곱셈을 좀 더 쉬운 덧셈을 이용하여 계산하는 방식입니다. 계산을 쉽게 하기 위한 방법으로 생겨난 로그, 하지만 오늘날 컴퓨터와 계산기의 등장으로 점차 로그가 설 자리는 사라지고

있습니다. 그렇지만 우리가 학교에서 우리의 역사를 배우고 소중히 다루듯이 수학의 역사에서 절대로 빠질 수 없는 로그의 역사를 배우는 것만으로도 소중한 시간이 될 것이라 확신합니다.

　비록 계산기와 컴퓨터가 발명되었다 하더라도 여러 다른 학문에서의 로그의 가치는 결코 소홀히 대할 수 없습니다. 그만큼 아직도 활용되고 있는 바가 많기 때문입니다. 네이피어라는 한 수학자가 만든 로그가 오늘날까지도 우리 생활의 곳곳에서 활약하고 있는 모습을 현대인 네이피어의 말투로, 그리고 그의 친구들의 설명을 더해 읽을 수 있는 이 책은 다른 어느 책들보다 재밌고 흥미롭게 로그를 설명하고 있습니다. 여러분들이 이 책을 읽다보면 아마도 캄캄했던 머릿속이 로그의 빛으로 환하게 밝혀지는 것을 느낄 수 있을 것입니다.

이런 점이 좋아요

1 초등학생이라 할지라도 쉽고 재밌게 로그의 특성과 원리를 이해할 수 있도록 구성되어 있습니다. 톡톡 튀고 재밌는 캐릭터들이 등장해 학습에 흥미를 북돋아 줍니다.

2 네이피어라는 독특한 성격의 수학자에 대한 재미난 에피소드를 수록하였습니다.

3 로그를 배우고 있는 고등학생과 로그를 가르치고 있는 교사들에게도 도움이 됩니다. 고등학생의 경우 딱딱한 로그를 흥미롭게 풀 수 있고, 선생님들은 좀 더 재밌는 방식으로 쉽게 가르칠 수 있는 방법을 알 수 있습니다.

 교과 과정과의 연계

구분	학년	단원	연계되는 수학적 개념과 내용
고등학교	수1	로그	로그의 뜻, 로그의 성질, 밑의 변환, 상용로그의 뜻, 지표와 가수, 상용로그의 활용

4 수업 소개

첫 번째 수업 _ 네이피어

- 네이피어에 대해 알아봅니다.

- 로그에 대해 알아봅니다.

• 선수 학습

- 소수 : 일의 자리보다 작은 자리 값을 가진 수. 분수를 사용해서 물건의 길이를 재거나 양을 구하려고 하면, 분모가 다른 경우 비교하기가 힘듭니다. 하지만 소수는 이런 크기 비교에 적절하게 이용됩니다.

- 로그 : 대수 용어 $2^3=8$에서 2는 밑, 3은 지수라고 합니다. 이것을 로그로 나타내면 3은 2를 밑으로 하는 8의 로그입니다. 수식으로는 $\log_2 8=3$으로 나타냅니다.

- 기하학 : 도형 및 공간의 성질을 연구하는 학문 늑 기하幾何

• 공부 방법 : 그리스어인 logos(ratio, 비율)와 arithmos(number, 수)를 결합하여 로그(logarithm)입니다.

• 관련 교과 단원 및 내용
학교에서 배우게 되는 로그에 대한 에피소드와 수학사를 다룹니다.

두 번째 수업 _ 로그의 정의

- 로그의 정의에 대해 알아봅니다.

- 제곱근풀이 방법에 대해서 알아봅니다.

- 음수 지수법칙에 대해서 배웁니다.

• 선수 학습

- 제곱근 : 어떤 수를 제곱했을 때, 그 제곱의 결과에 대해 원래의 수를 이르는 말입니다. 예를 들면 $2 \times 2 = 4$이므로 2는 4의 제곱근입니다.

- 음수 : 0보다 작은 수

- 완전제곱수 : 정수의 제곱으로 된 수

- 진수 : $y = \log_a x$로 나타낸 로그에서 x를 y의 진수라 합니다.

- 실수 : 유리수와 무리수 전체를 총칭하여 확장한 수입니다. 데데킨트의 절단切斷의 이론이 유명하며, 실수의 4가지 중요한 성질이 있습니다.

- 밑 : 지수함수 $y = a^x$의 a와 로그함수 $y = \log_a x$의 a를 밑이라고 합니다.

• 공부 방법 : $x^2 = 4$를 만족시키는 x의 값은 양수 2와 음수인 -2, 두 개가 있다는 것을 알 수 있습니다. 2 곱하기 2는 4. -2 곱하기 -2도 4로 같다는 뜻도 들어 있는 것 같습니다. 이것을 식으로 표현하면,

$$x^2 = 4 \Leftrightarrow x = \pm 2$$

– $2^x = 5$ 이런 경우에는 기호 log를 써서,

$$2^x = 5 \Leftrightarrow x = \log_2 5$$

로 나타내기로 약속합니다.

– 로그의 정의

$a > 0$, $a \neq 1$일 때, 임의의 양수 b에 대하여 $a^x = b$를 만족시키는
실수 x는 오직 하나 존재한다. 실수 x를 a를 밑으로 하는 b의
로그라 하고, $x = \log_a b$로 나타낸다. 이때, b를 $\log_a b$의 진수라
한다.

$$a > 0,\ a \neq 1,\ b > 0\text{일 때},\ a^x = b \Leftrightarrow x = \log_a b$$

• 관련 교과 단원 및 내용

– 고등학생들이 배우는 로그에 대한 정의를 재미나게 배웁니다.

세 번째 수업 _ 로그의 기본성질은 무엇인가?

• 선수 학습

– 지수법칙 : 지수법칙 $a^m \times a^n = a^{m+n}$, $a^m \div a^n = a^{m-n}$

두 밑끼리의 곱셈은 지수끼리의 합이 됩니다. 그리고 두 밑끼리의
나누기는 지수끼리의 뺄셈입니다.

• 공부 방법 : $a > 0$, $a \neq 1$이고 $x > 0$, $y > 0$일 때, 다음과 같은 로그의
기본 성질이 성립하게 됩니다.

1. $\log_a a = 1$, $\log_a 1 = 0$

2. $\log_a xy = \log_a x + \log_a y$

3. $\log_a \dfrac{x}{y} = \log_a x - \log_a y$

4. $\log_a x^p = p\log_a x$ (p는 실수)

- 관련 교과 단원 및 내용

– 고등학교에서 배우는 로그의 기본 계산을 배웁니다.

네 번째 수업_가짜 로그를 찾아라

– 로그의 성질 중 밑의 변환 공식을 공부합니다.

- 선수 학습

– 분배법칙 : 대수계代數系 S의 임의의 세 원소에 대하여 두 개의 연산을 분배한 값이 성립하는 법칙을 말합니다. 이를테면, $a \times (b + c) = (a \times b) + (a \times c)$이 분배법칙을 만족합니다.

– 우변 : 등식의 오른쪽의 변

– 좌변 : 등식의 왼쪽 변

– 원기둥 : 밑면이 원이고 축인 고정선과 항상 평행인 직선의 회전으로 생긴 입체를 말합니다.

– 부피 : 입체가 점유하는 공간 부분의 크기

– 상용로그 : $\log_{10} x$와 같이 10을 밑으로 하는 로그입니다. 보통 10을 생략하여 $\log x$로 나타내며, 지표와 가수관계로 나타낼 수 있습

니다.

- 공부 방법 : 밑변환공식

1. $\log_a b = \dfrac{\log_c b}{\log_c a}$

2. $\log_a b = \dfrac{1}{\log_b a}$

- 관련 교과 단원 및 내용

- 고등학교에서 배우는 로그의 성질 중에서 밑변환공식을 배웁니다. 로그의 계산에 특히 잘 쓰이는 법칙입니다.

다섯 번째 수업 _ 로그의 계산 법칙

- 로그의 계산 법칙에 대해 공부합니다.

- 선수 학습

- 소인수분해 : 어떤 자연수를 소수들의 곱으로 표현한 것입니다. 어떤 수를 소인수분해하는 방법이 한 가지밖에 없다는 것을 소인수분해의 일의성이라고 합니다.

- 약분 : 분모와 분자를 그들의 공약수로 나누는 것을 말합니다. 분모와 분자에 0이 아닌 같은 수를 곱하거나, 0이 아닌 같은 수로 나누면 크기가 같은 분수가 됩니다. 이때, 분수의 분모와 분자를 그들의 공약수로 나누는 것을 약분이라고 합니다.

- 공부 방법 : 로그의 계산

1. $\log_{a^m} b^n = \dfrac{n}{m} \log_a b$

2. $\log_{a^m} b = \dfrac{1}{m} \log_a b$

3. $a^{\log b} = b^{\log a}$

- 관련 교과 단원 및 내용

– 고등학생 때 배우는 로그의 계산을 자세히 알아봅니다.

여섯 번째 수업 _ 상용로그

– 상용로그에 대해 공부합니다.

– 상용로그표를 이용하는 방법을 배웁니다.

• 선수 학습

– 브리그스 : 영국의 수학자이자 천문학자. J.네이피어가 로그를 발견하자 그 중요성을 인정하여 공동으로 로그의 기본부분을 수립하였습니다. 10을 밑으로 하는 상용로그를 흔히 '브리그스 로그수'라고 부릅니다. 요크셔의 월리우드 출생. 1581년 케임브리지의 세인트존스 칼리지를 졸업하고, 1596~1620년 런던의 그레섬 칼리지의 초대初代 기하학 교수로 있었으며, 나중에 옥스퍼드대학의 천문학 교수가 되었습니다.

• 공부 방법 : 10을 밑으로 하는 로그를 상용로그라 한다.

$$\log_{10} N \Leftrightarrow \log N \ (단, \ N > 0)$$

- 기본 성질 : $\log_{10}1=0$

$$\log_{10}10=1$$

$$\log_{10}100=\log_{10}10^2=2$$

$$\log_{10}1000=\log_{10}10^3=3$$

- 계산법 　: $x=a\times10^n\,(1\leqq a<10)$에서

$$\log x=\log(a\times10^n)=\log a+\log10^n$$

$$=\log a+n$$

• 관련 교과 단원 및 내용

- 고등학교 2학년 때 배우게 될 상용로그에 대해 알아봅니다.

일곱 번째 수업_상용로그의 지표와 가수

- 지표와 가수에 대해 배워봅니다.

- 상용로그의 값을 찾아봅니다.

• 선수 학습

- 정수 : 자연수를 포함해 0과 자연수에 대응하는 음수를 모두 이르
  는 말입니다. 이때 자연수를 양의 정수라 하고 이들에 대응하는
  음수를 음의 정수라고 합니다. 정수는 서로 더하거나 빼거나 곱하
  여도 그 결과가 역시 정수입니다. 그러나 정수를 정수로 나누면
  그 결과가 항상 정수인 것은 아닙니다.

- 소수 : 0보다 크고 1보다 작은 실수 0 다음에 점을 찍어서 나타냅

니다. 이때 점을 소수점이라고 합니다.

- 거듭제곱 : 영어로는 파워라고 읽습니다. 같은 수를 일정한 횟수
  만큼 반복해서 곱하는 것을 말합니다. 3×3은 3의 제곱이라고 하
  며, 3^2으로 나타냅니다. 3^2에서 3을 밑, 2를 지수라고 부릅니다. 거
  듭제곱의 개념은 음수와 분수에도 사용됩니다.

• 공부 방법

- 정수를 $\log N$의 지표, 0 또는 양의 소수를 $\log N$의 가수라고 하고
  $\log N$을 다음과 같이 나타냅니다.

$$\log N = (지표) + (가수) \ (단, \ 0 \leq 가수 < 1)$$

- 양수 x, $x = 10^n \times a$ (n은 정수, $1 \leq a < 10$) 의 꼴로 나타내기 위해
  등식의 양변에 상용로그를 취합니다.

$$\log x = \log(10^n \times a) = n + \log a \ (0 \leq \log a < 1)$$

이때, n을 $\log x$의 지표라고 부르고 $\log a$의 값을 $\log x$의 가수라
고 합니다.

• 관련 교과 단원 및 내용

- 고등학생이 되면 배우는 지표와 가수에 대해 공부합니다. 상용로
  그 값에 대한 것을 알아봅니다.

여덟 번째 수업 _ 로그의 활용

- 로그가 일상생활에서는 어떻게 활용되는지 알아봅니다.

• 선수 학습

— 명왕성 : 태양계에 있는 왜소행성. 1930년 발견 이후 태양계太陽系
의 9번째 행성으로서 명왕성冥王星이라 불렸으나, 2006년 국제천
문연맹에 의해 행성 지위를 박탈당하여 이후 국제소행성센터로부
터 왜소행성으로 분류되어 새로운 분류 명칭을 부여받았습니다.

— 케플러 : 독일의 천문학자.《신新천문학》에서 행성의 운동에 관한
제1법칙인 '타원궤도의 법칙'과 제2법칙인 '면적속도 일정의 법
칙'을 발표하여 코페르니쿠스의 지동설을 수정 · 발전시켰습니다.
그 뒤《우주의 조화》에 행성운동의 제3법칙을 발표하였습니다.

— 히파르코스 : 그리스의 천문학자. 천체의 조직적 관측과 그 운동
의 수학적 처리의 원조로 알려져 있습니다. 저서는 남아 있지 않
으나 그의 연구업적은 프톨레마이오스의 저서《알마게스트》에 수
록되어 후세 천문학의 기초를 구축하였습니다.

— 데시벨 : 소리의 상대적인 크기를 나타내는 단위. 소리의 세기의
비를 상용로그 취해 준 값에 10을 곱한 값입니다.

• 공부 방법

— 1856년에 포그슨의 공식에는 별의 등급(m)과 별의 밝기(I) 사이
의 관계는 다음과 같다고 합니다.

$$m = -\frac{5}{2}\log I + C \text{ (단, C는 상수)}$$

— 진폭 A(μm;마이크로미터)인 지진의 강도 M은,

$$M = \log A - \log A_0$$

여기서 A_0는 같은 거리에서 측정한 표준 지진의 진폭입니다.

- 중고 자동차 판매 회사에서도 로그가 적용될 수 있습니다. 새 차의 가격을 P, t년이 지난 후의 가격을 W, 연평균 감가상각비율을 r이라 할 때, $\log(1-r) = \frac{1}{t}\log\frac{W}{P}$라는 로그를 이용한 관계식이 적용됩니다.

- 음파의 세기가 A에서 B로 바뀌면 그 벽의 감쇄비 F는,

$$F = 10\log\frac{B}{A} \,(dB)$$

라는 로그를 이용한 값을 가지게 됩니다.

• 관련 교과 단원 및 내용

- 고등학교 때 어려워하는 로그의 활용에 대해 알아봅니다.

네이피어를 소개합니다

John Napier (1550~1617)

의사들만 사람의 생명을 구한다고요?

여기 학자들의 생명을 구한 네이피어가 있습니다.

저는 중세 이후 과학자들의 수명을 늘려 준 장본인입니다.

제가 발견한 로그로 인해 오래전 천문학을 연구하던 학자들의

복잡한 계산이 매우 간편해졌죠. 아직 계산기와 컴퓨터가 없던 시절

사람들은 로그를 사용했습니다.

그리고 계산기와 컴퓨터가 넘쳐나는 지금도

사람들은 여전히 로그를 사용하고 있습니다.

순수학문에서부터, 박테리아들을 관찰하는 데까지

우리 생활 곳곳에서 숨 쉬고 있는 수많은 로그들을 향해

자! 로그 인(in, 人)

여러분, 나는 네이피어입니다

    세 명의 천문학자가 매우 지친 얼굴로 하늘을 바라보고 있습니다. 그들의 목은 유난히 길고 말랐습니다. 과연 그들은 무엇을 기다리고 있는 것일까요? 어머니의 도시락?

    아닙니다. 그건 이미 조금 전에 김이 모락모락 나는 것으로 하나 맛있게 먹어 치웠습니다. 자, 그럼 이제 그들의 책상 위로 시선을 돌려 봅시다.

    아, 이제 알겠군요. 그들은 행성까지의 거리와 행성들의 질량을 계산하느라 골머리를 썩이고 있었던 겁니다. 하하, 그래서 그들의 머리 주변에서 썩은 냄새가 났던 것이군요. 나는 또 그들이 머리를 안 감아서 그런 악취가 난다고 오해했는데 말입니다.

그런데, 그렇게도 머리가 똑똑한 그들의 골머리를 썩게 한 문제는 과연 정확히 어떤 문제들이었을까요?

아, 바로 큰 수와 지수 계산이군요. 하긴 어마어마한 별의 질량이나 별까지의 거리를 계산하려고 한다면 거기서 사용되는 수는 정말 엄청나게 큰 수일 거예요. 여러분들은 그 계산을 할 수 있을까요?

짜잔! 만화영화를 보면, 선량한 시민이 고통에 빠졌을 때 어디선가 영웅이 나타나 그를 구해 주곤 하죠? 그렇습니다. 이런 천문학자들의 고통을 해결해 주기 위해 등장한 영웅이 한 사람 있습니다. 오늘은 바로 그를 소개하겠습니다.

자, 그분이 이 자리에 오셨습니까? 네~이. 그리고 그는 꽃보다 아름답게 핀 분입니까? 피~어. 그분을 소개합니다. 네이~피어. 네이피어입니다.

네이피어가 들려주는 로그 이야기

네이피어

네이피어가 누구냐고요?
도둑 잡는 탐정? 혹은, 귀족 집안의 수학자? 아니라면, 학자
들의 의사? 어쩌면 이 모든 설명이 다 맞을 수도 있겠군요.
저명한 작명가일 수도 있고요.
자, 그럼 이 책의 주인공 네이피어를 만나봅시다.

1. 네이피어에 대해 알아봅니다.

2. 로그에 대해서 알아봅니다.

미리 알면 좋아요

1. <u>소수</u> 일의 자리보다 작은 자리 값을 가진 수. 분수를 사용해서 물건의 길이를 재거나 양을 구하려고 하면, 분모가 다른 경우 비교하기가 힘듭니다. 하지만 소수는 이런 크기 비교에 적절하게 이용됩니다.

2. <u>로그</u> 대수 용어 $2^3=8$에서 2는 밑, 3은 지수라고 합니다. 이것을 로그로 나타내면 3은 2를 밑으로 하는 8의 로그입니다. 수식으로는 $\log_2 8=3$으로 나타냅니다.

3. <u>기하학</u> 도형 및 공간의 성질에 대하여 연구하는 학문≒기하幾何

네이피어의
첫 번째 수업

　안녕하세요. 나는 방금 소개받은 네이피어입니다. 내 소개를
길게 하겠습니다. 나도 일기를 쓴다는 마음으로 이야기하는 것입
니다. 나는 영국 귀족 집안의 아들로 태어났습니다. 뭐래? 귀족
집안이라 하니까 무슨 말인지 모르는 친구들이 있네요. 귀족을
코족, 눈족, 귀족 이렇게 생각하는 친구들도 있어요! 크으– 동양
에서는 양반 가문이라고 말하듯이 우리는 귀족 집안이라고 합니
다. 나는 엄격한 청교도 교육을 받으며 자랐습니다. 그래서 그런

지 수학 교과서에 나온 나의 얼굴 사진은 아주 딱딱한 모습으로 나와 있습니다. 사실 약간 딱딱한 성격이기도 합니다. 아− 청교도 운동이란 16세기와 17세기에 로마 가톨릭교에 반대하며 더 발전된 영국 교회의 개편과 갱신을 추구했던 운동입니다.

나는 신학과 수학, 점성술에 많은 관심을 가졌습니다. 나의 상상력이 뛰어난 점으로 미루어 보아 아마도 내 체질이 동양에선 태양인쯤 될 것입니다. 에디슨도 마찬가지고요. 풍부한 상상력에 점성술까지 더했으니 사람들은 날더러 마법사라 부르기도 했답니다. 한국 같았으면 무당이라고 했을지도 모릅니다. 크− 무당이면 칼 위에서 춤을 춰야 하는데 난 그런 짓은 못합니다. 내가 마법사라는 소문이 나게 된 사건이 하나 있습니다.

15××년 6월 ××일 화요일 날씨 흐림

나는 집안의 하인들 중 하나가 자꾸 귀중한 물건을 훔쳐 간다는 사실을 알게 되었다. 요 녀석을 혼쭐내줘야 할 텐데, 어떻게 잡아야 할지 고민이다. 고민 끝에, 갑자기 좋은 아이디어가 떠올랐다. 나는 집안 하인들을 모두 불러 모았다. 다들 무슨 일인가하고 어리둥절해 있는데 유독 한 녀석이

네이피어가 들려주는 로그 이야기

시선을 제자리에 두지 못 하고 있다. 그래, 아무래도 저 녀석이 범인 같다. 하지만 나는 차분히 그 방법으로 범인을 잡아내서 내 예상이 맞음을 증명할 것이다.

나는 마치 교과서를 읽어 가듯 말했다.
"우리 집 하인들 중에 도둑이 있는 것 같아. 그래서 나는 오늘 내가 만든 거짓말 탐지기를 그 범인을 잡아내고야 말겠다. 자, 그러니 모두들 저기 보이는 컴컴한 닭장 속으로 손을 집어넣어 수탉의 등을 만지고 오너라. 그럼 수탉이 우리에게 범인을 밝혀 줄 것이다. 아참, 참고로 범인은 수탉이 손을 쫄지도 모르니 각별히 조심하도록."

키키— 평소에 나의 탁월한 능력과 다양한 상상력으로 만들어 낸 신기한 발명품들로 인해 나를 마법사처럼 생각하던 하인들이라 모두들 저 닭장을 신기해 하며 또 두려워했지. 그러고는 하인들은 한 명씩 닭장에 손을 넣기 시작했어. 나는 하인들의 손을 쭉 훑어보며 말했지.
"옳지, 범인은 바로 너다!"
녀석은 당장 내 앞에 무릎을 꿇고 울고 불며 난리가 났었지.

자신이 범인임을 자백하고 제발 이번만 용서해 달라고 빌었
어. 닭똥 같은 눈물을 뚝뚝 흘렸지.

하하하, 내가 범인을 잡을 수 있었던 것은 미리 수탉의 등을

까맣게 칠해 놓았기 때문이야. 하지만 하인들은 그 사실을 새까맣게 몰랐던 거야. 까맣게 칠한 사실을 까맣게 모른 하인들이라니…… 아무도 들여다 볼 수 없는 컴컴한 닭장 안에다 손을 집어넣었으니 죄가 없는 하인은 아무 거리낌 없이 수탉의 등을 만졌던 거고, 범인은 아무도 못 본다 싶어 그렇게 하지 않았던 거야. 결국 정작 범인의 손만 새까맣게 되지 않았던 거지.

그렇게 나는 못된 짓을 한 하인에게만 벌을 주고, 죄가 없는 다른 하인들은 이제 아무 의심도 받지 않게 되었지. 아, 이제 나도 편히 잠을 자야겠다. 오늘의 일기 끝.

당신은 방금 남의 일기를 읽었지요. 남의 일기를 읽는 것은 좋지 못한 행동이에요. 다시는 그러지 마세요. 하하.

이런 나의 행동에 사람들은 나에게 마술적인 힘이 있다고 믿었습니다. 사람들은 내가 새의 무리에 마법을 걸 수 있다고 생각했습니다. 또 저번 일로 수탉을 마법에 걸 수 있다고 소문이 났고요. 초자연적인 힘을 사용하여 보물이 묻힌 위치를 찾아낼 수 있다는 소문이 멀리 나기도 했습니다. 그래서 1594년 내게 베릭셔의 패스트캐슬에 숨겨진 보물의 위치를 찾아달라는 부탁이 들어오기도 했습니다. 내 참나 원. 이러다가 원피스의 해적 루피가 나랑 원피스를 찾아 향해하자고 부탁할지도 모르겠습니다. 이 책을 보는 모든 분들에게 나는 말합니다. 다음 시간부터 나는 학생들에게 로그를 지도하기 위해 바쁘니까 당분간은 그런 일로 나를 찾지 마세요.

나는 혼자서 지내기를 좋아합니다. 산책하는 것도 좋아합니다. 산책은 생각을 정리하는 데 도움이 많이 됩니다.

이게 자꾸 내 자랑을 하니까 너무 쑥스럽습니다. 이 책의 저자가 시켜서 하는 것이니까 너무 건방지게 보지마세요. 나는 수학 계산이 쉬워지게 하는 소수 표기법을 만들었습니다. 그전에도 소수를 표기하는 법은 있었지만 현재 우리가 사용하는 것과 거의 비슷하게 만든 것이 바로 내가 한 것입니다. 그전에는 3.14를 나타내려면 3⓪1①4②와 같이 $\frac{1}{10}$의 거듭제곱에 대응하는 표시를 숫자 바로 뒤나 위에 나타내서 소수 부분임을 알 수 있도록 했습니다. 진짜 번거롭지요.

한번 자기 자신을 자랑하니까 계속하고 싶네요. 사람 마음이란 게 다 그런가 봅니다. 나의 또 다른 업적은 큰 수의 곱셈을 아주 쉬운 방법으로 계산할 수 있는 네이피어 막대 또는 네이피어의 뼈라고 부르는 도구를 발명한 것입니다. 이 계산 도구는 나무나 상아, 뼈로 만든 직사각형 막대들로 이루어져 있습니다.

아홉 개의 각 막대 자에는 1에서 9까지의 숫자들이 곱셈표에 그려져 있습니다. 첫 번째 막대 자에는 1, 2, 3, …, 9가, 두 번째 막대 자에는 2, 4, 6, ⋯, 18이, 세 번째 막대 자에는 3, 6, 9, ⋯, 27 등이 쓰여 있습니다.

　예를 들어 237×5와 같은 두 수들의 곱을 하려면, 우선 2, 3, 7에 해당하는 막대들을 나란히 두고 각각의 막대에서 다섯 번째 정사각형에 있는 두 자리 숫자들을 결합하면 됩니다. 이때 결합하는 방법은, 각각의 정사각형에서 왼쪽에 있는 값들에 오른쪽에 있는 값들을 더하면 됩니다. 말로만 설명하니까 이해가 안 되는 학생들이 입을 삐죽거리네요. 그림으로 다시 설명을 해 줄 테니 너무 삐죽이지 마세요. 입을 삐죽거리는 모습에 멀리서 쳐다보던 맹수들이 오린 줄 알고 달려들면 어떡하려고요. 그림을 보세요.

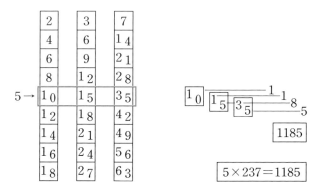

　그림처럼 나의 막대는 곱셈의 과정을 대부분의 사람들이 가장

네이피어가 들려주는 로그 이야기

쉽게 할 수 있는 간단한 덧셈 연산으로 바꾸어 줍니다. 이 막대를 사용하면 나눗셈도 할 수 있고 제곱근을 계산할 수도 있습니다. 그래서 나의 막대는 유럽 전 지역으로 겁나게 빨리 알려졌고 엄청난 인기를 얻게 되었지요. 계산기가 나오기 전까지는 말이에요.

이렇게 다른 무언가가 나오기 전까지 사람들에게 엄청난 인기를 끈 것으로 로그라는 것도 있습니다. 캬— 그 이름도 자랑스러운 나의 발명품, 로-오-그. 언제나 그 이름을 부르면 나는 마음이 뿌듯해집니다.

나의 가장 중요한 업적인 로그는 길고 복잡한 계산을 간단히 하기 위한 것입니다. 나는 원래 로그를 인위적인 수라고 불렀습니다. 1614년 나의 논문 〈놀라운 로그 체계〉에서 나는 최초의 로그표를 소개했습니다. 〈놀라운 로그 체계〉를 쓸 당시, 나는 그리스어인 logos(ratio, 비율)와 arithmos(number, 수)를 결합하여 로그(logarithm)라는 단어를 만들어 냈습니다. 작명소에 맡기지 않고 내가 직접 만든 이름입니다. 내가 로그라고 불러 주었을 때 그는 나에게로 와서 로그가 되었습니다. 그리고 그 로그는 국제적인 환영을 받았습니다. 나의 로그가 너무 자랑스러워 닭살이 돋습니다.

하지만 한 가지 고백을 하겠습니다. 나의 로그는 처음에는 로그의 밑을 $e=2.71828$로 계산하여 실용적이지 못했습니다.

그러다가 한 사람을 만났습니다. 사람은 일이 되려면 사람을 잘 만나야 합니다. 맞습니다. 사람 관계가 제일 중요합니다. 여러분도 친구를 잘 사귀어야 합니다. 내가 만난 분은 런던 그레샴 대학의 기하학 교수인 브리그스입니다. 그는 나의 집에서 한 달 정도 방문하여 같이 연구를 하였습니다. 그동안 우리는 $\log 1=0$, $\log 10=1$이 되도록 로그 체계를 수정하여 만들었습니다. 오늘날 여러분들이 사용하는 상용로그 또는 10진법 로그 체계가 바로 그때 만들어진 것입니다. 브리그스는 그의 저서에 우리들이 연구한 연구결과(처음 1000개의 수에 대한 로그값)와 최초의 상

네이피어가 들려주는 로그 이야기

용로그표를 실었습니다. 이 표는 20세기까지 모든 로그표의 기초로 이용되었습니다.

나의 로그의 개념과 최초의 로그표는 수학자들과 천문학자들에게 폭넓게 쓰이게 됩니다.

그리고 또 하나의 자랑! 독일의 천문학자 케플러는 나의 로그가 행성의 움직임에 관한 세 번째 법칙을 발견하는 데 중요한 아이디어를 제공했다면서 그의 저서 《천문력》을 나에게 바친다고 했습니다. 케플러를 비롯한 다른 천문학자들은 로그를 이용하면 큰 수들의 계산을 효율적으로 할 수 있다는 사실을 인정하였습니다. 그리고 천문학에서의 기본 계산 방법으로 로그를 사용하기 시작했지요. 계산기나 컴퓨터가 없던 그 당시에는 천문학자들이 일일이 직접 계산해야 하는 과정이 골칫거리였습니다. 그래서 라플라스는 "로그의 발명으로 천문학자들의 수명이 배로 연장되었다"며 좋아했다고 합니다.

나의 로그가 천문학자들에게 큰 도움이 되었다는 사실이 매우 기쁩니다.

나 역시 천문학에 많은 관심을 가지고 있었습니다. 사실 나의 로그도 천문학에 쓰이는 계산법을 좀 더 쉽게 만들고자 연구하던 과정에 만들어 낸 것입니다. 나는 곱셈이 덧셈보다 훨씬 까다롭고 힘들다고 느꼈습니다. 그래서 나는 곱셈을 덧셈으로 바꾸어 계산하면 훨씬 계산이 수월할 거라고 생각했습니다. 그렇게 해서 만든 것이 바로 로-오-그입니다.

하지만 내가 로그를 단숨에 만들어 낸 것은 아닙니다. 거의 20년 이상 연구를 통해 로그를 개발했으니까요. 내가 20년에 걸쳐 만든 로그가 얼마 만큼 유용한가를 한번 보여 주고 싶습니다. 하하 그래요. 지금 자랑하는 겁니다.

2.45×3.14를 계산할 경우 로그표에서 $10^x = 2.45$인 x의 값을 찾으면 0.3892입니다. 그리고 $10^y = 3.14$인 y의 값을 샅샅이 찾

네이피어가 들려주는 로그 이야기

으면 0.4969입니다.

따라서 $2.45 \times 3.14 = 10^{0.3892} \times 10^{0.4969}$이므로 $10^{0.8861}$의 값을 로그표에서 찾으면 그 값은 약 7.69 얼마 얼마입니다. 좀 더 정확한 계산은 여러분들의 뇌에 심한 자극을 줄 수 있으므로 대충 넘어가겠습니다. 화장실 다녀오고 싶으신 분은 다녀오세요.

그리고 나는 삼각법, 항해, 지도 작성, 측량 등에 이용할 빠르고 간편한 계산법을 개발했습니다. 즉, 복잡한 수를 곱할 때 그 수에 로그를 취해 더하면 좀 더 쉽게 계산할 수 있다는 것을 발견했습니다. 내가 발견한 로그는 많은 자연현상을 수학적으로 설명하는 데 아주 쓸모가 많다는 이야기를 늘상 들어왔습니다. 하하하.

자, 이제 내 자랑은 그만하고 나를 도와 수업을 진행할 친구들을 소개하겠습니다.

자연계에서는 무서운 호랑이이지요. 이제부터는 나를 도와줄 겁니다. 이름은 켁로그입니다. 자신의 친구인 토니는 cf에서 활약하지만 우리를 도와줄 친구 켁로그는 수학을 하는 친구입니다. 수학을 하면서 힘이 들면 켁켁거리는 우리의 친구 켁로그입니다.

"안녕하세요. 여러분, 켁켁. 저는 켁로그입니다. 잘 부탁 드립니다."

옆에서 켁켁거리는 켁로그를 뒤로 한 채 나는 다음 친구를 소개합니다. 다음 친구는 앞으로 나올 상용로그를 설명할 때 도와줄 dd입니다. dd는 더블 드래곤의 이니셜입니다. 더블 드래곤이라는 이름을 한국말로 고치면 쌍용입니다. 그래서 dd는 상용로그를 설명할 때 나를 적극 도울 것을 약속합니다. dd도 인사를 합니다.

"크아아————."

dd가 인사를 하자 코와 입에서 불길이 뿜어져 나옵니다. 너무 뜨거워 잠시 자리를 피합니다. 다음 수업 시간에 만나요.

앗 뜨거!

 첫번째
수업 정리

그리스어인 logos(ratio, 비율)와 arithmos(number, 수)를 결합하여 로그(logarithm)입니다.

로그의 정의

주인공 네이피어에 대해서 잘 알았죠?
이제는 이 책의 또 다른 주인공인 로그에 대해서 알아볼
거예요.
처음 만나는 친구니까 이름을 잘 기억해 두어야겠죠?
아차차, 로그와 친한 친구인 제곱근과 지수도 나오니까 눈을
크게 떠요.

1. 로그의 정의에 대해서 알아봅니다.

2. 제곱근풀이 방법에 대해서 알아봅니다.

3. 음수 지수법칙에 대해서 배웁니다.

미리 알면 좋아요

1. **제곱근** 어떤 수를 제곱했을 때, 그 제곱의 결과에 대해 원래의 수를 이르는 말입니다. 예를 들면 $2 \times 2 = 4$이므로 2는 4의 제곱근입니다.

2. **음수** 0보다 작은 수

3. **완전제곱수** 정수의 제곱으로 된 수

4. **진수** $y = \log_a x$로 나타낸 로그에서 x를 y의 진수라 합니다.

5. **실수** 유리수와 무리수 전체의 총칭하여 확장한 수입니다. 데데킨트의 절단切斷의 이론이 유명하며, 실수의 4가지 중요한 성질이 있습니다.

6. **밑** 지수함수 $y = a^x$의 a와 로그함수 $y = \log_a x$의 a를 밑이라고 합니다.

네이피어의
두 번째 수업

켁로그는 호랑이이기 때문에 후각(냄새 맡는 기능)이 엄청 뛰
어납니다. 그런 켁로그가 무슨 냄새를 맡았습니다. 달려갑니다.
학교 뒷골목으로! 아니, 뒷골목에 도착하니 여러 명의 불량아들
이 초등학생의 돈을 빼앗고 폭행하고 있습니다. 켁로그는 그런
나쁜 행동을 결코 용서하지 않습니다. 호랑이인 켁로그가 앞발을
들자 불량아들은 벌벌 떱니다. 그래서 초등학생에게 빼앗은 돈을
돌려받고 모두 겁을 주어 쫓아버렸습니다. 켁로그의 후각이 아니

었으면 이 초등생은 큰일 날 뻔했습니다. 오늘 따라 켁로그의 후각이 자랑스럽습니다. 하지만 더 자랑스러운 것은 켁로그의 정의감입니다. 그래서 우리는 이제부터 켁로그의 '정의감' 을 칭찬하기 위해 로그의 '정의' 에 대해 알아보겠습니다.

학생 여러분, 로그의 정의라는 말이 수학책에서 등장하면 무조건 어렵다고 생각하지 마시고 이런 정의감을 생각하며 반가운 마음으로 공부할 것을 약속하세요. 로그의 정의에 대한 설명 들어갑니다. 설명은 켁로그가 하는 것이 아니라 나 네이피어가 해 드립니다.

앞에서 지수(똑같은 수를 곱하면 위에 생기는 조그만 수)를 공부한 학생이면 좀 더 쉽게 알 수 있는 내용이지만 $x^2=4$를 만족시키는 x의 값은 양수 2와 음수 -2, 두 개가 있다는 것을 알 수 있습니다. 2곱하기 2는 4. -2곱하기 -2도 4로 같다는 뜻도 들어 있는 것 같습니다. 이것을 식으로 표현하면,

$$x^2=4 \Leftrightarrow x=\pm 2$$

네이피어가 들려주는 로그 이야기

그런데 다 이렇게만 되면 얼마나 좋겠습니까? 남는 시간에 만화책도 읽을 수 있고 '저그저그' 하는 오락도 할 수 있을 건데, 그럼 안 되는 놈의 낯짝이나 한번 봅니다.

$x^2=5$를 만족하는 x의 값을 찾아볼까요? 돋보기, 탐정, 경찰 등을 다 동원해도 유리수 안에서는 찾을 수가 없네요. 경찰이 말

합니다.

"그러면 그렇지. 우리 경찰이 못 찾을 리가 있겠습니까? 이 사건은 사건 현장이 여기가 아니라서 그런 것입니다."

그럼 $x^2=5$라는 것을 찾을 수 있는 사건 현장은 어디일까요? 옆에 있던 과학수사대에게 내가 힌트를 줍니다. 수의 범위를 무리수의 범위까지 확장시켜서 수사해야 한다고 말입니다. 그래서 우리는 $x^2=5$의 x의 값을 찾기 위해 무리수 범위의 사건 현장으로 이동하였습니다. 제곱근풀이 방법이라는 과학적 수사 장비를 가지고 말입니다. 여기서 잠깐 제곱근풀이 방법이라는 수사 장비를 소개하겠습니다.

$x^2=k$(완전제곱수가 되지 않는 범인의 단서), $x=\pm\sqrt{k}$로 만들어서 범인이 꼼짝 못하게 하는 수사 장비입니다. 이 장비는 중학교 3학년 때 〈실수〉라는 수학 단원에서 가르쳐 줄 것입니다.

$x^2=5$라는 식에 제곱근풀이 방법이라는 수사 장비를 갖다 댑니다. 약간의 조작법만 배우면 누구나 사용할 수 있는 편리한 기계입니다.

$$x^2=5, \; x=\pm\sqrt{5}$$

사용설명서를 보고 그대로 따라 하면 됩니다. 이상으로 이 식을 만족하는 값 중 양수인 것을 $\sqrt{5}$, 음수인 것을 $-\sqrt{5}$로 나타내기로 약속합니다. 범인도 그렇게 자백했습니다.

옆에 있던 dd. 놀랍고 신기해 숨을 쉬려고 했지만 우리들을 쳐다보며 억지로 참습니다. dd가 숨을 쉬면 불이 뿜어져 나오기 때문입니다.

이제 $3^x=9$를 만족시키는 x의 값을 찾아보겠습니다. 약간만 두뇌를 굴리면 이 문제를 어렵지 않게 풀 수 있습니다. 수학 역시 정신력이 필요합니다. 할 수 있다는 자세를 가지고 달려듭시다. 켁로그! 그렇다고 너무 덤비지 마세요. 3을 두 번 곱해 보세요. 켁켁거리며 켁로그 9라고 말합니다. 이제 3을 두 번 곱한 것을 표현하기만 하면 됩니다. 말도 어떻게 표현하느냐에 따라 느낌이 다르듯이 같은 말도 표현이 중요합니다. 따뜻한 마음이 전해질 수 있도록 3 곱하기 3도 표현해 봅시다. $3\times3=3^2$으로 나타내집니다. 3이 두 번 곱해지면 3의 오른쪽 어깨 위에 중세 기사 어깨 위에 있는 사냥매처럼 써 주면 됩니다. 곱해 주는 횟수에 따라 오른쪽 어깨 위에 쓰는 조그마한 수가 바뀌는 것을 알아 두세요. 그래야 멋진 중세 기사처럼 매사냥을 할 수 있을 겁니다. 그럼

$3^x=9$에서 조그만 x라는 매의 정체를 알 수 있지요. 그 정체는 2가 됩니다. 하지만 오늘 우리가 배울 것은 매가 아닙니다. 그 매로도 잡을 수 없는, 이를테면 $2^x=5$를 만족시키는 x의 값을 말합니다. 이 x의 값은 유리수 범위 내에서 잡을 수 없습니다. 그러니 유리수 범위 내에서 활약하는 매로써는 잡을 수 없는 거지요. 그럼 이 x를 잡을 방법은 없는 것일까요? 이때, 뭔가를 알고 있다는 듯 켁로그가 말하려고 하다가 켁켁거립니다. 이제 서서히 켁로그가 등장한 비밀이 밝혀집니다. 이 책에 왜 호랑이인 켁로그가 굳이 등장하는가 하는 비밀 말입니다. 켁로그가 앞발을 들어 포효합니다.

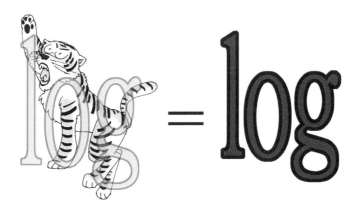

네이피어가 들려주는 로그 이야기

앗! 놀랍습니다. 켁로그가 로그랑 모습이 똑같이 변했습니다.

$2^x = 5$ 이런 경우에는 기호 $\log$를 써서,

$$2^x = 5 \Leftrightarrow x = \log_2 5$$

로 나타내기로 약속합니다. 약속을 어길 시에는 켁로그의 무서운
포효(짐승의 울부짖음)를 기억하세요.

$$2^x = 5 \Leftrightarrow x = \log_2 5$$

지수로서의 x의 값을 구하기 위해 log를 씁니다. 켁로그가 자
주하는 말이 있습니다.

"쥐방울만 한 놈을 그냥……". 그렇습니다. 켁로그는 쥐방울만
한 놈이 우리 학생들을 괴롭히면 어김없이 나타나서 우리 학생들
을 도울 겁니다. 앞에서도 켁로그가 얼마나 정의로운지 봤지요.

나, 네이피어도 켁로그의 그런 점을 높이 삽니다. 어렵겠지만
네이피어인 제가 로그의 정의를 정리해 보겠습니다.

∷ 로그의 정의

$a > 0$, $a \neq 1$일 때, 임의의 양수 b에 대하여 $a^x = b$를 만족시키는
실수 x는 오직 하나 존재한다. 이 실수 x를 a를 밑으로 하는 b의
로그라 하고, $x = \log_a b$로 나타낸다. 이 때, b를 $\log_a b$의 진수라
한다.

$$a > 0, \ a \neq 1, \ b > 0 일 \ 때, \ a^x = b \Leftrightarrow x = \log_a b$$

네이피어가 들려주는 로그 이야기

위 내용을 본 켁로그는 너무 어렵다며 구토를 합니다. 자신은 그냥 정의감에 불타서 한 행동인데 저렇게 어렵게 설명하는 어른들이 이해가 안 된다고 합니다. 그래서 나 네이피어가 어른들을 대표해서 위 내용을 최대한 쉽게 풀어서 말해 보겠습니다.

일단 $a>0$라는 것은 a가 양수라는 뜻입니다. 음수의 반대개념으로서 양수 말입니다. 그리고 $a\neq1$, 이 기호는 a는 1이 될 수 없다는 뜻입니다. 왜 그런가에 대해선 차차 이야기가 진행되면 밝혀드리기로 하고, 지금은 먼저 로그의 정의에 대한 해석을 해 보기로 하겠습니다.

$a>0$, $a\neq1$이라는 사실을 묶어서 기억하는 방법을 알려 주겠습니다. 물론 당장 여러분이 사용하지는 않겠지만, 이것을 알고 있는 고등학교 2학년생들은 엄청 유용하게 사용하고 있다는 것을 기억하세요. 뭐냐면, '짜잔~!' 이라는 말을 먼저 하고 소개합니다.

이리가 아닌 양입니다. 이게 무슨 소리냐고요? 말 그대로 이리가 아닌 양이라고요. 이리는 개과의 포유동물. 개와 비슷한데 몸의 길이는 100~130cm, 어깨의 높이는 63~65cm이며, 털빛은 변화가 많으나 흔히 잿빛 갈색 바탕에 검정색 털이 섞여 있습니다. 등과 앞발의 바깥쪽과 꼬리는 검은 빛이고 배는 흰 빛입니다. 한국, 일본, 중국, 인도, 티베트, 시베리아, 유럽, 북미, 중미 등지에 살고 있습니다. 양은 설명을 안 해도 알겠지요? 점점 무슨 소리를 하는지 모르겠다고요?

하하! 이제 정리해 보겠습니다.

$a \neq 1$을 말로 나타내면 a는 1이 아닌(소리 나는 대로 읽으면 일이 아닌, 이리 아닌)입니다. 그리고 $a > 0$에서 a는 양수의 양입니다. 그래서 로그의 밑 조건(a가 밑입니다)으로 이리가 아닌 양이라고 생각하면 평생 잊지 않을 것입니다. 학교 시험에서 이 조건을 묻거나 응용해서 내는 문제들이 종종 있습니다.

로그의 정의란,

전 켄로그가 무섭다고요...

$a > 0$, $a \neq 1$일 때, 임의의 양수 b에 대하여 $a^x = b$를 만족시키는 실수 x는 오직 하나 존재한다.
이 실수 x를 'a를 밑으로 하는 b의 로그'라 하고, $x = \log_a b$로 나타낸다. 이 때 b를 $\log_a b$의 진수라 한다.
$a > 0$, $a \neq 1$, $b > 0$일 때, $a^x = b \Leftrightarrow x = \log_a b$

너무 어려워 켁~ 켁~ 켁~

네이피어가 들려주는 로그 이야기

그리고 진수 b는 언제나 양수가 되어야 합니다. 우리는 그것을 '진양' 이라는 애칭으로 부릅니다. 진양이는 바로 진수가 양수라는 것을 말합니다.

자, 그럼 여기서 왜 그런 조건을 반드시 지켜야 하는지를 같이 힘을 모아 모아서 알아봅시다.

켁로그의 탄생 비밀이라고 생각하면 우리가 배우는 데 좀 더 흥미가 생길 것입니다. 켁로그는 로그의 정의와 마찬가지로 진수 부분($\log_a b$에서 b부분)이 반드시 0보다 커야합니다. 0보다 크다는 것은 양수라는 말과 같습니다. 만약 0보다 작으면 어떻게 되는지 알아보면 왜 커야 하는지 알게 될 것 같습니다. 옆에 있던

dd가 그것 좋은 생각이네 하면서 입에서 불을 뿜습니다. 여러분 조심하세요. 책 바깥으로 불이 나올지도 몰라요. 나중에 dd에 대한 이야기를 들을 때에는 반드시 우리 책 옆에 소화기를 비치하고 읽어야 합니다. 나는 분명 경고했습니다.

로그의 원죄는 지수의 정의라는 것에 있습니다. 로그의 정의를 알려고 하면 우리는 잠시 지수의 정의를 이용하여야 합니다.

자, 지수의 힘을 빌려 로그의 정의를 알아나가도록 합니다. 지수의 정령이여 우리에게 그 모습을 보여 다오~! 띠용?

$$2^x = -5$$

오오! 지수의 정령이 나타났군요. 이것을 로그의 모습으로 변신시켜 보겠습니다. $x = \log_2(-5)$와 같이 변했습니다. 모습만 바뀐 것이지, 그 속성에는 아무런 변화가 없습니다. 하지만 이 모습은 잘못된 지수의 정령이 변한 것이므로 이 로그의 모습은 바른 것이 아닙니다. 네이피어의 힘으로 이것이 왜 틀렸는지 알려 드리겠습니다. 수학의 신이시여, 나에게 힘을 주소서!

잘 보세요. 2^x는 결코 음수가 될 수 없습니다. 음수라는 것은 0

네이피어가 들려주는 로그 이야기

보다 작은 수를 말하는데 2^x의 x자리에 어떤 수를 대입하여 만들어도 0보다 작은 수는 만들어지지 않습니다. 못 믿는 친구들을 위해 대입이라는 마법의 힘을 이용하여 보여주겠습니다. 2^2은 2^x의 x자리에 2를 대입한 모습입니다. 그를 계산해 봅니다. 2^2은 2×2로 값이 4가 됩니다. 4는 분명 음수가 아니지요. 이때 dd, 불을 뿜으며,

"2는 양수이니까 당연히 양수가 나오지. −2라는 음수를 한번 지수 자리에 넣어 봐요~!"

라고 합니다. 우리 dd는 말을 최대한 조심스럽게 해서 자기 입에서 불이 나오지 않도록 최선을 다합니다. 그래서인지 연기만 모락모락 나옵니다.

2^{-2}을 계산해 봅니다. 여러분들은 시공간을 초월하든지 아님 우리 시리즈의 지수법칙 부분을 봐야 지금 계산되는 모습을 이해할 수 있을 겁니다.

하지만 마음의 눈을 뜨고 그냥 받아들여도 됩니다. 그래야 다음에 이런 경우 이런 방법을 이해하게 됩니다. 보세요.

$$2^{-2} = \frac{1}{2^2} = \frac{1}{2 \times 2} = \frac{1}{4}$$

보셨나요? 2^{-2}은 $\frac{1}{4}$이 됩니다. 날 믿고 이 사실을 받아들이세요. 그럼 $\frac{1}{4}$이 분명 작지만 0보다는 작지가 않지요. 그렇습니다. 그래서 2^x은 분명히 0보다 큽니다. 그래서 우리 수학은 $2^x > 0$이라고 간단히 나타냅니다. 수학은 짧게 표현하는 것을 자랑으로

네이피어가 들려주는 로그 이야기

여깁니다. 그래서 수학은 인정 없고 딱딱한 놈이라는 소리를 자주 듣습니다. 수학이 좀 고쳐 나가야 할 점 같습니다. 자, 이제 정신을 집중해야 할 시간입니다.

$$2^x = -5$$

말은 하지 마시고 이 식을 6초에서 7초가량 쳐다만 보세요. 생각은 필요 없습니다. 느끼세요. 보입니까? 그래요. 2^x이 양수인데 어떻게 -5라는 음수 값이 되겠습니까! 말이 안 되지요. 지수의 모습에서 틀렸습니다. 그래서 당연히 로그의 모습으로 겉만 바뀐 것은 참모습이 아니지요. 우리가 지금 말하는 것은 분명 수학의 실수계에서 일어나는 일을 다루고 있습니다.

따라서 $2^x = -5$는 등호 자체가 성립하지 않습니다. 2^x은 x가 어떤 값을 갖더라도 항상 양수이기 때문이지요. 따라서 $2^x = -5$는 $x = \log_2(-5)$로 고칠 수 없습니다. 여기서 우리는 진수는 항상 양수이어야 한다는 조건을 이해할 수 있습니다.

dd가 또 다시 불을 내뿜으며 왜 밑은 1이 아닌 양수이어야 하는지를 물어옵니다. 물어보는 것은 좋지만 제발 불을 뿜지는 말아요. 나는 수학을 가르치다 불에 타죽고 싶지는 않습니다. 자 그 림, 밑이 1이 아닌 양수를 설명하겠습니다.

$\log_1 3 = x$라고 하면 $1^x = 3$이 되는데 x가 어떤 값을 갖더라도 1^x은 결코 3이 될 수 없습니다. 따라서 1은 밑이 될 수 없습니다. 이런 밑이 될 수 없구나. 이런⋯⋯.

만약 밑이 0이라면 어떤 경우가 생길지 설명해 주겠습니다. $\log_0 3 = x$라고 하면 $0^x = 3$ 그리고 이렇게 고쳐지는 것은 한 번 밑은 영원한 밑이라는 해병대 정신을 가지고 로그를 지수의 정의 로 고쳐서 해석해 나갑니다.

따라서 0은 밑이 될 수 없습니다.

이제 하나만 더 확인해 보면 됩니다. $\log_{(-2)} 3 = x$라고 하면 $(-2)^x = 3$으로 변신을 합니다. 변신한 결과가 맞는지 틀렸는지 알아보겠습니다. x가 어떤 값을 갖더라도 $(-2)^x$은 결코 3이 될 수 없습니다. 따라서 음수는 밑이 될 수 없습니다. 이제까지의 내 용을 정리해 보면 밑은 1이 아닌 양수임을 알 수 있습니다. 켁로 그, 켁켁거리며 말합니다.

그냥 이리가 아닌 양과 진양이로 암기하는 것이 훨씬 쉽다며 그림을 보여 줍니다.

네이피어가 들려주는 로그 이야기

최종적으로 정리 한번 쫘악하고 이번 수업을 마치겠습니다.

$\log_a N$은 a를 밑으로 하는 N의 로그라고 합니다. 조건으로는 우선,

밑 조건 : $a > 0$, $a \neq 1$ ⬅ 1이 아닌 양수

진수 조건 : N > 0 ⬅ 양수

로그 조건 : 실수

영어 한마디 하고 끝냅니다. log는 logarithm의 약자입니다.

격언 : Log was not built in a day. 로그는 하루아침에 이루어지지 않는다 열심히 공부하자는 말입니다. ㅋㅋ

① $x^2=4$를 만족시키는 x의 값은 양수 2와 음수 -2의 두 개가 있다는 것을 알 수 있습니다. 2 곱하기 2는 4, -2 곱하기 -2도 4로 같다는 뜻도 들어 있는 것 같습니다. 이것을 식으로 표현하면,

$$x^2=4 \Leftrightarrow x=\pm 2$$

$2^x=5$ 이런 경우에는 기호 log를 써서,

$$2^x=5 \Leftrightarrow x=\log_2 5$$

로 나타내기로 약속합니다.

② 로그의 정의

$a>0$, $a\neq1$일 때, 임의의 양수 b에 대하여 $a^x=b$를 만족시키는 실수 x는 오직 하나 존재한다. 이 실수 x를 a를 밑으로 하는 b의 로그라 하고, $x=\log_a b$로 나타낸다. 이 때, b를 $\log_a b$의 진수라 한다.

$$a>0,\ a\neq1,\ b>0 일 때,\ a^x=b \Leftrightarrow x=\log_a b$$

로그의 기본 성질은
무엇인가?

절대 무인 로갈영과 함께 떠나는 로그 전설의 세계.
로그가 사는 세계에는 꼭 지켜지는 법칙이 있다!
그러나 만약, 여러분들이 그 법칙을 단 하나라도 어길
경우에는?
기억하라, 로그 세계의 기본 법칙 – 지수 법칙을!

로그의 기본성질을 배웁니다.

미리 알면 좋아요

지수법칙 지수법칙 $a^m \times a^n = a^{m+n}$, $a^m \div a^n = a^{m-n}$

두 밑끼리의 곱셈은 지수끼리의 합이 됩니다. 그리고 두 밑끼리의 나누기는
지수끼리의 뺄셈입니다.

로그의 정의 $a^x=\mathrm{N} \Leftrightarrow x=\log_a\mathrm{N}$과 지수법칙 $a^m \times a^n=a^{m+n}$, $a^m \div a^n=a^{m-n}$ 으로부터 다음과 같은 로그의 기본 성질을 얻을 수 있습니다. 일단, 기본 성질을 알기 전에 기본 정의에 대한 전제조건을 깔아야 합니다.

$a>0$, $a \neq 1$이고 $x>0$, $y>0$일 때, 다음과 같은 로그의 기본 성질이 성립하게 됩니다.

$$(1)\log_a a = 1,\ \log_a 1 = 0$$
$$(2)\log_a xy = \log_a x + \log_a y$$
$$(3)\log_a \frac{x}{y} = \log_a x - \log_a y$$
$$(4)\log_a x^p = p\log_a x\ (p\text{는 실수})$$

켁로그와 나는 위의 네 가지 로그의 성질을 차례로 증명해 보이겠습니다. 켁로그! 준비됐나요? 켁켁거리는 것을 보니 준비됐나 봅니다. 하지만 아까 dd에게 부탁한 것을 빨리 가지고 와야 하는데 앗! 저기, dd가 물고 옵니다. 거듭제곱의 정의라는 것입니다. dd가 조심스럽게 우리 앞에 물고 온 것을 내려놓습니다. 거듭제곱의 나라에서 가지고 온 것입니다.

$$a^0 = 1,\ a^1 = a$$

이라는 것입니다. 이 조그만 정의가 별것 아닌 것 같아도 로그의 성질을 만드는 데는 생명수 같은 것입니다.

$a^0=1$을 가지고 로그로 변형시켜 보겠습니다. 지수로서 0은 내려놓습니다. 그리고 밑으로 a는 log의 밑으로 들어가면서 작아집니다. $\log_a$. 그리고 1은 $\log_a$에 붙습니다. 아주 강한 마법의 접착제가 그를 불러서 붙여놓습니다. 완성된 모습은 다음과 같습니다.

$$\log_a 1 = 0$$

잠시, 이 $\log_a 1 = 0$에 대한 전설이 있어 여러분께 들려주겠습니다. 옛날에 서부의 무법자가 있었습니다. 그는 결투에서 단 한 번도 진 적이 없습니다. 그가 나타나면 모두들 벌벌 떨었습니다. 날아다니는 벌들도 벌벌 떨었을 정도니까요. 그래서 보안관들은 그에게 현상금을 걸었습니다. 현상금은 10^8원이었습니다. 그 당시 10^8(1억)원이면 정말 큰돈입니다. 제가 말하고 싶은 것은 그 현상금의 사나이 이름입니다. 그 이름은 바로 로갈영! 로갈영!

$\log a 1 = 0$입니다. 이 영어를 소리 나는 대로 붙여서 읽어 보세요. 로갈영이 됩니다. 억지 같지만 로갈영으로 외워 시험에서 도움이 되었다는 친구들이 많이 있습니다.

네이피어가 들려주는 로그 이야기

그 다음 우리가 기본적으로 알아두어야 할 것이 바로 $\log_a a = 1$입니다. 이 성질이 바른지는 $a^1 = a$라는 것으로 알 수 있습니다. 지수로서 1은 내려와서 혼자 있게 되고 그 다음 로그가 등장하여 log 밑에 조그맣게 a를 붙여줍니다. $\log_a$. 조금 전과 같은 방법입니다. 그렇습니다. 이 방법은 언제나 같습니다. 그다음 $\log_a a$를 붙여서 $\log_a a = 1$로 완성됩니다. 로갈영같이 많이 활약하는 로그의 기본 성질입니다. 반드시 뇌 속에서 잘 녹여서 수시로 꺼내 쓸 수 있도록 합니다.

우리 친구들은 문자가 있으면 어려움을 좀 느끼지요. 그래서 a 자리에 수를 넣어 예를 들어 좀 더 우리 친구들이 이해할 수 있는 모습으로 만들어 줄게요. 보세요. 두 눈 시퍼렇게 뜨고요.

$$\log_2 2 = 1, \ \log_{10} 10 = 1$$

음…… 여기서 잠깐 밑과 진수의 크기가 같으면 항상 1이 된다는 것을 알아 두어야 합니다.

그 다음으로 로갈영에 대한 이야기입니다.

$$\log_2 1 = 0, \ \log_{10} 1 = 0$$

여기서는 밑이 얼마든 간에 진수가 1이면 로그 값은 모두 0이 됩니다. 로갈영에게 걸리면 무조건 목숨이 0이 되고 맙니다.

하지만 이 둘에게도 예외적인 경우가 있습니다.

$$\log_1 1 \neq 1, \log_1 1 \neq 0$$

이 둘은 성립되지 않습니다. 앞에서 말한 밑 조건을 잘 생각해 보세요.

이제 2번째 로그의 성질을 꺼내서 알아보도록 하겠습니다.

$$\log_a xy = \log_a x + \log_a y$$

이것을 증명하는 데에는 켁로그의 활약이 필요합니다. 우선, $\log_a x = m$, $\log_a y = n$ $(x > 0,\ y > 0)$이라 하면 $x = a^m$, $y = a^n$이 됩니다. 로그가 지수로 변신하는 것을 앞에서 배웠지요. 만약 기억이 안 나는 학생들은 켁로그의 표정을 보세요. 잡아 먹을 듯한 표정이지요. 얼른 앞으로 넘어가서 이해하고 오세요.

$x = a^m$, $y = a^n$에서 x와 y를 곱하면 a^m과 a^n을 곱할 수 있습니다. $xy = a^m a^n = a^{m+n}$으로 지수법칙이 적용됩니다. $xy = a^{m+n}$에서 로그의 정의에 의하여 $\log_a xy = m + n$이 됩니다.

켁켁거리는 켁로그. 이제 거의 다 끝나가니 학생들에게 조금만 더 힘내라는 말을 하고 싶나봅니다.

켁로그 그렇다고 고개를 끄덕이다가 바로 앞발로 위에 나온 식 중 $\log_a x = m$을 잡아챕니다. 그런 다음 $\log_a xy = m + n$에서 m 자리에 $\log_a x$를 대신 붙여 넣습니다. 날렵합니다. 연이어 켁로그 $\log_a y = n$ 식도 앞발로 탁 낚아채서 n 자리에 $\log_a y$을 대신 붙입니다. 그리고 켁켁거립니다. 완전히 끝난 식을 쳐다봐 달라고 하는 말인 것 같습니다. 켁로그는 흥분하거나 긴장하면 말을 잘 못합니다. 밑의 식을 쳐다봅니다.

$$\log_a xy = \log_a x + \log_a y$$

이와 같이 로그의 정의와 지수법칙으로부터 다음과 같은 로그의 성질을 얻을 수가 있습니다.

$a^m \times a^n = a^{m+n}$, $a^m \div a^n = a^{m-n}$ 참고로 대충 이런 게 지수법칙이라 할 수 있습니다.

$\log_a xy = \log_a x + \log_a y$ 이런 식을 알고 있으면 뭐합니까? 실제로 이용을 할 수 없으면 아무런 소용이 없는 것입니다. 그래서 수를 가지고 한번 다루어 보겠습니다.

$\log_2 6 = \log_2 2 \cdot 3$(가운데 점은 곱하기를 간단히 표현한 것입니다)$= \log_2 2 + \log_2 3 = 1 + \log_2 3$ 음, 여기서 갑자기 1이 등장했다고 속으로 욕한 학생들도 있을 겁니다. 내가 그런 학생들에게 욕하고 싶네요. 왜냐면 아까 앞에서 밑과 진수가 같은 로그의 값은 1이 된다고 말했습니다. 말로 하니까 헷갈린다고요. $\log_a a = 1$. 이제 기억나지요. 그래서 $\log_2 2 = 1$입니다.

이제 3번째 성질 $\log_a \dfrac{x}{y} = \log_a x - \log_a y$을 증명해 보이겠습니다. 이 식을 보니 으슬으슬 춥지요라고 말하기가 무섭게 dd가 불을 뿜어 주변을 후끈 달아오르게 합니다.

$\log_a x = m$, $\log_a y = n$ $(x > 0, y > 0)$이라 하면 로그의 정의에 의하여,

$$a^m = x, \ a^n = y$$

진수가 $\dfrac{x}{y}$라는 분수 모양이므로 $a^m = x$, $a^n = y$를 이용하여,

$$\frac{x}{y} = \frac{a^m}{a^n} = a^{m-n}$$

이를 log 꼴로 나타내면,

$$\log_a \frac{x}{y} = \log_a a^{m-n} = m - n = \log_a x - \log_a y$$

위 식이 변하는 과정 중에서 $\log_a a^{m-n} = m - n$은 밑과 진수가 같은 로그는 1이 된다는 성질을 이용했기에 $m - n$이 된 것입니다. 오해하지 말라고 다시 한 번 더 이야기하는 것입니다. 그리고 $\log_a x = m$, $\log_a y = n$을 이용하여 m과 n 자리에 각각 로그로 표현한 것입니다. 정말 긴 과정입니다. 시골 외삼촌댁에 가는 것만큼 길지요.

수를 이용하여 짚고 넘어 가도록 하겠습니다.

$\log_2 \dfrac{5}{3} = \log_2 5 - \log_2 3$으로도 나타낼 수 있다는 소리입니다.

네이피어가 들려주는 로그 이야기

켁켁켁! 켁로그가 그렇다고 합니다.

이제 4번째 성질을 알아보도록 합니다.

$$\log_a x^p = p\log_a x \ (p\text{는 실수})$$

$\log_a x = t$라 하겠습니다. t라고 하는 이유는 조금 티 나게 하기 위해서 t라고 한다고 생각해도 관계없습니다.

그럼 $\log_a x = t$ 식에서 로그의 정의를 이용하여 $a^t = x$, 이제부터 마음을 비우고 쳐다만 보세요. $(a^t)^p = x^p$ 양쪽에 아무런 이유 없이 p를 취합니다. 지수법칙에 의해 $(a^t)^p = a^{tp}$가 됩니다. 그래서 다시 $a^{pt} = x^p$라 할 수 있습니다. 여기까지 이해가 되지 않는 사람은 천천히 다시 과정을 살펴보세요. 뒤에서 dd가 지켜보고 있습니다. 게으름 피우면 불이 날 수도 있어요. 좀 이해가 되나요. 설명 계속합니다. $a^{pt} = x^p$을 $\log$(로그) 꼴로 나타내겠습니다.

$\log_a x^p = pt = p\log_a x$가 됩니다.

잘 이해가 되지 않는 사람을 위해 그림으로 보여 줄테니 자신의 뇌의 뇌력을 레벨 업하여 그림을 봅니다.

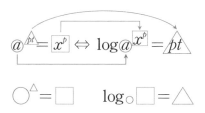

$$\bigcirc^{\triangle} = \square \qquad \log_{\bigcirc}\square = \triangle$$

네이피어가 들려주는 로그 이야기

그래서 pt에서 t는 티 나게 앞에서 $\log_a x$라고 했습니다. t 대신에 $\log_a x$를 붙여 주면 $p\log_a x$가 되는 것입니다.

수학의 맛은 수입니다. 그래서 수를 이용하여 다시 한번 정리를 해 보겠습니다. 내가 수를 이용하는 동안 여러분들은 물을 좀 드세요. 한자로 물 수입니다. 물 먹었으면 다시 봅니다.

쉬운 것으로 하나 예를 들어 보지요. $\log_3 4 = \log_3 2^2 = 2\log_3 2$ 진수 위의 조그마한 2는 맨 앞으로 갈 수 있습니다. 맨 앞으로 간 2는 다시 진수 위로도 올라탈 수 있습니다. 이것을 켁로그가 아이 하나를 데리고 그 모습을 재현해 보이겠습니다. 일명 켁로그의 목말입니다.

그림을 보니 p가 오르락내리락 할 수 있다는 것을 알 수 있지요. 이게 바로 로그의 네 번째 성질입니다.

이제 로그의 성질도 어느 정도 알고 했으니 로그에 대한 값을 좀 구해 볼까요? $\log_9 27$의 값을 알아볼까요? $\log_9 27$의 값을 모르니까 당연히 x로 두어야 합니다. 그래서 식을 세우면 $x = \log_9 27$. 이때, 로그의 정의에 의하여 $9^x = 27$. 여기서 9와 27을 소인수분해 해 보겠습니다. 그냥, 그러고 싶습니다. 9는 3^2으로 거듭제곱 꼴이 됩니다. 이제 27을 소인수분해하여 거듭제곱 꼴로 나타내면 3^3이 됩니다. 공통점이 보이지요. 밑이 3으로 같아집니다. 밑지는 셈치고 밑을 3으로 바꾸는 대작업을 하겠습니다.

$9^x = 27$, $(3^2)^x = 3^3$. 이제 왼쪽에 있는 $(3^2)^x$의 괄호를 푸는 작업을 해야 합니다. 괄호 속에 보이지 않는 곱하기를 찾아야 합니다. 괄호라는 것은 묶음을 나타내기도 합니다. 그래서 묶음이란 곱하기의 뜻을 지니기도 하지요. 이제 괄호의 마법이 풀렸습니다. 보세요. 마법이 풀리는 장면을 천천히 보여 주니까요.

$(3^2)^x = 3^{2 \times x} = 3^{2x}$. 곱하기 기호가 잠시 나타났다가 다시 숨어 버립니다. 그럼, $3^{2x} = 3^3$이라고 둘 수 있습니다. 이해가 안 되는

네이피어가 들려주는 로그 이야기

사람은 찬찬히 앞에서부터 다시 읽어 보세요. 이제 같은 밑을 제거해 나갈 겁니다. $3^{2x}=3^3$에서 밑이 3으로 똑같으니까 밑 3을 없애고 지수끼리만 남습니다.

$2x=3$이 됩니다. 밑이 제거되자 자그마한 지수가 커졌습니다. 크기는 신경 쓰지 마세요.

$2x=3$에서 x를 계산해 내면 아무도 커진 사실에 대해서는 시비를 걸지 않으니까요. 따라서 $x=\dfrac{3}{2}$이 됩니다. x값이 바로 $\log_9 27$의 값입니다. 그래서 $\log_9 27=\dfrac{3}{2}$입니다.

로그의 값을 구하는 것이 알쏭달쏭합니다. 켁로그 옆에서 켁켁거리며 한 문제만 더 풀어보자고 합니다. dd는 싫은 눈치입니다. 하지만 dd의 눈치를 살피며 한 문제만 더 건드려 보겠습니다. 문제를 건드리기 전에 용에 관한 이야기를 하나 해 주겠습니다. 용에 관한 이야기로 '역린' 이라는 말이 있습니다. 역린이란?

용龍이라는 동물은 잘 길들이면 올라탈 수도 있지만 그의 목 아래에 있는 직경 한 자쯤 되는 역린, 즉 다른 비늘과는 반대 방향으로 나 있는 비늘을 건드리면 반드시 사람을 죽인다고 합니다. dd도 용이므로 분명히 역린이 있을 겁니다. 우리 모두 조심합시다.

$\log_3\frac{1}{9}$의 값을 구해 보겠습니다. 이때 dd의 눈치를 살펴봅니다. 이 문제는 dd의 역린인 문제는 아닌 것 같습니다. 문제를 잘못 냈다가 dd의 역린에 걸리는 날이면 우리는 모두 끝장납니다. 책만 보고 있다고 해서 dd의 공격을 피할 수는 없습니다. 여러분도 반드시 긴장을 늦추지 말고 계세요.

$\log_3\frac{1}{9}=x$라 둡니다. 로그의 정의에 따라서 움직입니다. 정의의 이름으로 변신을 하라!

$$3^x = \frac{1}{9} = 3^{-2}$$

여기서 잠시 설명을 자세히 좀 하겠습니다. $\frac{1}{9}$에서 분모의 9를 3^2으로 바꿀 수 있습니다. 그래서 다시 지수법칙의 이름으로 한 번 변신을 합니다.

$$\frac{1}{9} = \frac{1}{3^2}$$

그 다음으로 이 식이 너무 길다고 느껴져서 우리는 이것을 다르게 표현해 봅니다.

네이피어가 들려주는 로그 이야기

3^{-2}라고 둘 수 있습니다. 이것을 많은 어른들이 초등학생에게 설명하기 힘들다고 말하지만 우리 초등학생들을 무시하지 마세요. 그냥 그런 모양은 그렇게 간다라고만 기억하면 됩니다. 고등학생들도 이해해서 이것을 사용하는 것이 아니라 그렇게 된다고 외워서 써 먹는 것일 뿐입니다. 우리 초등학생들도 그냥 그렇게 외우게 되면 고등학생들과 맞먹게 되는 것이므로 우리도 그렇게 암기해 버립시다.

자, 외울 내용을 정리해 드립니다. 그림으로 보세요.

$$\frac{1}{\square^{\triangle}} = \square^{-\triangle}$$

분자가 1이라는 사실에 유의하세요.

그럼, 다시 문제 풀이로 돌아가서 $3^x = 3^{-2}$입니다. 이때 밑이 3으로 같으니까 3을 멀리 떠나보내면 뒤돌아보지도 않고 3은 떠나갑니다. 그래서 $x = -2$가 됩니다.

따라서, $\log_3 \frac{1}{9} = -2$가 됩니다. 고생했습니다.

이번 수업을 모두 마치겠습니다.

세번째
수업 정리

　　$a>0$, $a\neq1$이고 $x>0$, $y>0$일 때, 다음과 같은 로그의 기본 성질이 성립하게 됩니다.

(1) $\log_a a=1$, $\log_a 1=0$

(2) $\log_a xy=\log_a x+\log_a y$

(3) $\log_a \dfrac{x}{y}=\log_a x-\log_a y$

(4) $\log_a x^p=p\log_a x$ (p는 실수)

가짜 로그를 찾아라
– 밑의 변환 공식

너훈아, 현찰, 박빙 이들의 공통점은?
평화로운 로그 세계에 가짜 로그가 나타났다!
'우변'과 '좌변'을 뒤져 가짜 로그를 찾아라!
아, 그리고 귀환하는 대원들은 절대 '밑변환공식'을
잊지 말도록.

네 번째 학습 목표

로그의 성질 중 밑의 변환 공식을 공부합니다.

미리 알면 좋아요

1. 분배법칙 대수계代數系 S의 임의의 세 원소에 대하여 두 개의 연산을 분배
   한 값이 성립하는 법칙을 말합니다.

   이를테면, $a \times (b+c) = (a \times b) + (a \times c)$이 분배법칙을 만족합니다.

2. 우변 등식의 오른쪽의 변

   좌변 등식의 왼쪽 변

3. 원기둥 밑면이 원이고 축인 고정선과 항상 평행인 직선의 회전으로 생긴
   입체를 말합니다.

4. 부피 입체가 점유하는 공간 부분의 크기

5. 상용로그 $\log_{10} x$와 같이 10을 밑으로 하는 로그입니다. 보통 10을 생략하
   여 $\log x$로 나타내며, 지표와 가수관계로 나타낼 수 있습니다.

오늘은 나, 네이피어와 켁로그, dd가 모여서 의논을 하고 있습니다. 로그 나라를 괴롭히는 가짜 로그를 잡아 박멸하기 위해 모여 있습니다. 이 녀석들은 로그의 성질을 흉내 내며 우리 고등학생들이 로그를 계산할 때 혼란에 빠져 들게 합니다. 많은 학생들이 이 가짜 로그의 계산에 피해를 봤습니다. 수능이나 기타 학교 시험에서 문제 한 문제 한 문제가 점수 차이를 내는 지금의 현실에서 이 가짜 로그는 우리 학생들의 점수를 갉아먹고 있습니다.

많은 학교 선생님과 수학책에서 조심하라고 일러 주고 있지만 그 놈의 모습이 워낙 진짜랑 비슷하게 생겨서 잘 구별하기가 쉽지 않습니다. 특히 시험이라는 극한 상황에서 이놈들을 구별하기가 결코 쉽지는 않습니다.

　일차로 우리 일행은 가짜 로그 일당이 숨어 있는 학교 시험지를 습격했습니다. 어떻게 알았는지 거의 다 도망가고

$$\log_a(x+y) = \log_a x + \log_a y$$

만 남아 있었습니다.

네이피어가 들려주는 로그 이야기

얼핏 봐서 여러분은 이게 가짜 로그의 성질이라는 것을 모르시 겠죠? 자, 그럼 이제 진짜랑 비교해 보세요.

$$\log_a xy = \log_a x + \log_a y$$

이것이 진짜입니다. 우변 즉, 오른쪽은 완전 똑같아서 구별하기 힘들고요. 좌변을 세밀히 봅니다. 가짜의 진수 부분은 $x+y$이지만 진짜의 진수 부분은 xy로 x와 y가 곱하기로 연결되어 있습니다. 그렇습니다. 로그는 진수의 곱을 로그의 합으로 나타내어야 합니다. 가짜 로그의 성질은 진수 부분의 합에 분배법칙이라는 학생들이 즐겨먹는 양념을 해 헷갈리게 만들었지요. 초등학생은 분배법칙이라는 양념을 몰라서 안 헷갈리지만 중·고등학생이 되면 식의 계산에서 분배법칙이라는 양념을 많이 쓰거든요. 그래서 우리 학생들이 로그에 들어간 분배법칙이라는 익숙한 양념에 의해 가짜에 속고 마는 것입니다. 학생들을 괴롭힌다는 말에 화가 난 dd가 불을 뿜으려고 하는 것을 말렸습니다. 목숨만 살려 줄 테니 가짜 빼기에 대한 로그의 성질은 어디로 도망쳤는지를 물어 보았습니다. 녀석은 멈칫거립니다. 켁로그 앞발을 들어 녀석을 한 대 후려칩니다. 녀석이 켁켁거리자 켁로그가 알아 듣습니다. 켁켁거리는 것은 켁로그의 특기이므로 녀석이 켁켁거리는 소리를 다 알아 듣습니다. 켁로그의 말에 따르면 녀석이 나누기 나라로 숨어들었다고 합니다. 우리는 dd의 등을 타고 나누기 나라로 향합니다. dd의 넓은 등판 저쪽에는 ddr이 설치되어 있습니다. 가짜 로그를 다 잡고 나서 켁로그랑 ddr을 하기로 약속합니다. 우리는 잠시 뒤 나누기 나라에 도착할 것입니다. 정말 dd의 비행 속도는 이무기와는 비교도 안 될 정도로 빠릅니다. 그래서인지 용을 타고 날아가는 비용이 이무기를 타고 날아가는 비용의 약 2배인 것 같습니다. 비싼 만큼 값을 합니다. 벌써 나누기

네이피어가 들려주는 로그 이야기

나라에 도착했습니다. 야! 오랜만에 나누기 나라에 온 것 같습니다. 정말 이 나라는 공평하게 나누는 나라입니다. 나누기 나라에서는 때에 따라 나누기를 할 때 나머지를 구하는 경우도 있고 몫을 분수나 소수로 나타낼 때도 있습니다. 별것 아닌 내용이지만 이 내용을 알아야 나누기 나라에 숨어 있는 진수의 몫에 대한 가짜로그를 찾을 수가 있습니다. dd와 나는 이쪽에서, 켁로그는 저쪽에서 찾아보기로 합니다. 나누기 나라는 길로 잘 나누어져 있습니다. 정말 평화로워 보입니다. 이런 평화로운 나라에 가짜로그가 숨어 있다니 정말 나쁜 녀석입니다. 어떤 못된 짓을 하려고 숨어 있는지 모르겠지만 반드시 찾아내서 혼을 내야겠습니다. 얼마 정도 찾고 있는데 켁로그가 간 방향에서 켁켁거리는 소리가 들립니다. 켁로그가 가짜 로그의 성질을 찾았나 봅니다.

$$\frac{\log_a x}{\log_a y} = \log_a x - \log_a y$$

정말 진짜 로그의 성질이랑 비슷하게 생겼네요. 웬만큼 공부해서는 구별하기 힘들어 보입니다. dd! 여의주를 비춰서 원래의 로그의 성질을 보여 주세요.

진짜 로그	가짜 로그
(원래 진수의 몫에 대한 로그)	(가짜 로그의 성질)
$\log_a\dfrac{x}{y}=\log_a x-\log_a y,$	$\dfrac{\log_a x}{\log_a y}=\log_a x-\log_a y$

어디가 다른지 구별되나요?

네이피어가 들려주는 로그 이야기

우변, 오른쪽은 똑같지요. 하지만 자세히 보면 좌변, 왼쪽이 다르다는 것을 알 수 있습니다. 여러분이 나중에 고학년이 되면 오른쪽을 우변, 왼쪽을 좌변이라 부르게 될 것이에요. 그러니 미리 알아 두세요.

진짜 몫에 대한 로그의 성질은 진수만 $\frac{x}{y}$인데 반해 잘못된 로그의 계산은 로그 값의 전체에 대한 몫의 모양으로 되어 있습니다. 짝퉁이 확실합니다. 이런 방법으로 알아두면 나중에 로그의 계산에서 엄청난 부작용을 초래할 수 있습니다. 이런 가짜 로그의 계산을 발견할 시에는 즉시 가짜 학교로 가서 수학 선생님께 신고하세요.

자, 그럼 이제부터는 목말을 타도 진수에만 타야하는데 감히 로그 전체에 목말을 탄 가짜 로그의 성질을 잡으러 가보겠습니다. '그 녀석은 어디에 숨어 있을까?' 하고 켁로그와 dd와 나는 잠깐 회의를 했습니다. 회의 결과 그 녀석은 놀이 공원에 있을 것이라 결론을 내렸습니다. 왜냐면 놀이 공원에는 많은 아이들이 아빠 목에 매달려 목말을 타고 있으니까요. 놈은 아마도 그 속에 숨어 있으면 자신의 정체가 잘 드러나지 않을 것이라고 생각하고 있을 겁니다. 우리들은 자유 이용권을 끊고 놀이 공원에 입장했습니다. 와! 신기한 것도 많고 타고 싶은 놀이기구도 많습니다. 그런데, dd가 청룡열차가 불쌍하다고 합니다. 저 많은 아이들을 태우고 다니니 같은 용끼리 너무 마음이 아프다고 하네요. 켁로 그는 회전목마가 있는 곳에서 가짜 로그의 성질을 잡아내자고 합니다. 우리들은 그리로 갔습니다. 하지만 그곳에서는 가짜 로그의 성질을 찾을 수가 없었습니다. 여러분들의 도움이 필요합니다. 가짜 로그의 계산 성질을 보여 줄 테니 여러분도 찾아보세요.

$$(\log_a x)^p = p \log_a x$$

이때 dd가 말합니다.

"진짜 로그의 계산이랑 똑같잖아".

아닙니다. 그럼 바르게 계산된 모습을 보여주겠습니다. 비교해서 보세요.

$$\log_a x^p = p \log_a x$$

켁로그가 뭔가 다른 점을 발견했는지 켁켁거립니다. 여러분도 발견했나요? 그렇습니다. 괄호가 있고 없음의 차이가 있습니다. 괄호가 있고 없고는 기능적으로 어떤 차이를 만드는 것일까요?

$(\log_a x)^p$. 우선 가짜의 것을 가져와서 의미를 말해 보겠습니다. 이것은 $\log_a x$의 전체를 p제곱한다는 뜻입니다. 그럼 $\log_a x^p$은 a를 밑으로 하는 x^p의 로그라는 말입니다. 이건 진수에 p제곱된 상태를 의미합니다. 그래서 두 개의 뜻은 완전히 다릅니다. $\log_a x^p$처럼 진수 x에 p제곱이 될 때만 p가 로그 앞으로 나가서

활동을 할 수 있는 겁니다. 이제 가짜와 진짜를 확실히 구별하시겠지요. 우리 모두 힘을 합쳐 가짜를 잡으러 갑시다.

모두들 흩어져서 찾으러 가세요. 5와 $\frac{1}{2}$분이 흐른 뒤 저기 솜사탕 파는 곳에서 불기둥이 솟아오릅니다. 불기둥의 부피는 원기둥의 부피를 구하는 공식을 이용하여 구할 수 있습니다. 이 시간에 불기둥의 부피는 구할 필요는 없습니다.

이런, dd가 가짜를 발견했나봅니다. 같이 가 봅시다. 솜사탕을 먹으며 아빠에게 목말을 타고 있는 아이들 속에 숨어 있었나 봅니다. 아주 간사한 놈입니다. 그의 모습을 확인해 보겠습니다.

$$(\log_a x)^p = p\log_a x$$

앞에서 말한 그대로의 모습입니다. 녀석을 잡아 등호를 고칩니다.

$$(\log_a x)^p \neq p\log_a x$$

아닌 것은 아니라고 바로 잡아야합니다. 녀석 옆에 가짜 일행이 하나 더 있습니다.

$$\log_a x \cdot \log_a y \neq \log_a x + \log_a y$$

입니다. 같이 알아 두세요.

녀석들을 모두 잡아낸다고 모두들 수고하셨습니다. 문자만 많이 나와서 놈을 잡고도 놈의 정체를 정확히 이해하기가 쉽지 않습니다. 그래서 문자 대신 수로 고쳐서 다시 녀석들의 정체를 확인해 보도록 합니다. dd는 녀석들이 도망 못가도록 주변을 감시하세요. 문자만 있으니 이해하기가 싶지 않았지요? 이제 수를 사용하여 수학적으로 이해하도록 합니다. 켁로그 도와주세요.

$$\log_2 (3+5) = \log_2 3 + \log_2 5$$

밑이 2인 로그입니다. 과연 이런 계산이 가능할까요. 아까 처음 잡았던 잘못된 로그입니다. 로그는 곱하기를 더하기로 바꾸어 계산하는 편리한 기능이 있습니다. 그래서 잘못된 로그를 다음과 같이 바로 잡아 봅니다.

$$\log_2 (3 \times 5) = \log_2 3 + \log_2 5$$

진수끼리의 곱일 때 로그의 정의에 따라 log의 합 꼴로 만들 수 있습니다. 밑은 2가 될 수도 있고, 3이 될 수도 있고, 10이 될 수도 있습니다. 밑이 10인 로그를 상용로그라고 합니다. 이 말에 dd가 확 돌아봅니다. 나중에 상용로그를 다룰 때 dd가 활약할 것입니다. 다음 보기는 밑이 5인 로그로 설명해 보겠습니다.

$\log_5 \frac{3}{2} = \log_5 3 - \log_5 2$가 바른 표현입니다. 이것을 짝퉁으로 표현한 것은 다음과 같습니다. $\frac{\log_5 3}{\log_5 2} = \log_5 3 - \log_5 2$로 만들어 학생들을 현혹시키고 있습니다.

네이피어가 들려주는 로그 이야기

많은 학생들이 속아서 시험을 망쳤습니다. 이런 나쁜 표현은 dd가 불태워 버려야 합니다. 하지만 이런 나쁜 녀석들은 태워 없애도 없어지지 않는 컴퓨터 바이러스같은 놈입니다. 없어지지 않는 놈이므로 우리가 확실히 알아서 당하지 않도록 하는 수밖에 없습니다.

이제, 밑의 변환공식이라는 것을 공부하도록 하겠습니다. 만약 다른 두 나라 사람이 만나서 이야기를 하는데 각자가 자기 나라 말로 이야기 한다면 두 사람의 대화가 통할까요? 그럼, 두 사람을 대화시키려면 어떻게 해야 할까요? 그렇지요. 두 사람이 같이 알아 들을 수 있는 공통의 말을 하거나 아니면 통역자를 불러야 합니다. 밑이 다른 두 로그에서 밑변환 공식을 이용하여 밑을 같게 해서 계산을 하면 좀 더 편리해집니다.

예를 들어, $\log_5 4 = \dfrac{\log_3 4}{\log_3 5}$ 로 만들 수 있는 것이 바로 밑변환 공식입니다. 밑 3을 등장시켜 $\log_5 4$를 새롭게 탄생시킨 것입니다. 로그의 밑을 바꾸는 연습을 많이 하면 로그를 계산할 때 상당히 편합니다.

로그의 밑을 바꾸는 식을 한번 정리해 보도록 합니다.

a를 밑으로 하는 로그 $\log_a b$를 양수 c $(c \neq 1)$를 밑으로 하는 로그로 바꾸어 보겠습니다. c를 밑으로 하기 때문에 c는 이제부터 1이 될 수 없습니다. 앞에서 배웠듯이 밑은 이리가 아닌 양이기 때문이지요. 일이 아닌 양수 기억나지요.

$\log_a b = m$으로 놓으면 $a^m = b$가 되는 것은 확실히 알고 있지요? 로그의 정의에 의해서 만들어집니다. 로그에서 밑은 지수에서도 밑이 됩니다. 한 번 밑은 영원한 밑이 되지요. 한 번 해병은

영원한 해병인 것처럼 말입니다. 추---웅성!

자, 이제 마법을 걸어 보겠습니다. 지수 꼴로 바꾼 모양에서 양변에 c를 밑으로 하는 로그 마법을 걸어봅니다.

$\log_c a^m = \log_c b$로 로그 마법을 양변에 똑같이 걸었습니다. 이 마법은 $a^m = b$ 식에 $\log_c$라는 마법을 양변에 동시에 건 것입니다. 이제 이 마법이 걸린 상태에서 식을 변형시켜 우리가 찾고자 하는 모습을 만들어 내겠습니다.

$$\log_c a^m = \log_c b$$

이 식에서 좌변(등호의 왼쪽)을 유심히 보세요. 목말 공식이 생각날 때까지 보시고 아니면 앞쪽으로 넘겨서 다시 찾아보세요. 목말 공식을 활용합니다.

그래서 $\log_c a^m = m \log_c a$가 됩니다. 바꾼 모습을 원식에 다시 끼워 넣으면,

$$m \log_c a = \log_c b$$

여기서 좌변등호의 왼쪽에 있는 m만 남기고 m이라는 영어 철자를 보면 꼭 다리가 긴 육지 거북이 같지요. 그래서 그는 행동이 느려요. 그래서 좌변의 m만 남고 나머지 $\log_c a$는 우변등호의 오른쪽으로 넘어갑니다.

그럼, $m = \dfrac{\log_c b}{\log_c a}$ 가 됩니다. 자, 이제 안구를 잘 돌리세요. 우리가 처음에 육지 거북이 같이 생긴 m이 무엇이라 했나요? '$\log_a b = m$으로 놓으면' 이라고 맨 처음 그렇게 잡았지요. 그래서 $m = \dfrac{\log_c b}{\log_c a}$ 이 식의 m 자리에 $\log_a b$를 대신 써 줄 수 있습니다. 따라서,

$$\log_a b = \frac{\log_c b}{\log_c a}$$

가 됩니다. 이와 같이 로그의 밑을 다른 수로 바꿀 때는 진수는 분자로 밑은 분모로 만들어질 수 있습니다. 물론, 제 3의 밑을 이용하는 마법을 걸어 줄 때 그렇게 변한다는 말입니다.

식들을 눈여겨보면 대부분 밑이 같다는 것을 알 수 있습니다. 왜냐면 로그의 성질은 밑이 같아야 성립하고, 밑이 같지 않으면 성립하지 않기 때문입니다. 밑이 다른 경우의 로그로 표현된 식

네이피어가 들려주는 로그 이야기

을 계산하기 위하여 밑을 변환시키는 방법을 사용합니다. 이런 밑을 변환시키는 공식을 하나 더 알아보겠습니다.

$$\log_a b = \frac{1}{\log_b a}$$

식이라고 생각해도 좋고 그림이라고 생각해도 좋습니다. 좌변의 밑은 a이고 진수는 b입니다. 하지만 우변은 밑이 b이고 진수가 a입니다. 로그의 밑과 진수가 바뀌었지요. 체인지입니다. 그런데 중요한 것은 좌변에 분자 1이 생겼다는 사실입니다. 이 공식 역시 밑변환공식입니다. 이제, 이 식을 증명해 보이겠습니다.

$\log_a b = m$으로 놓으면 $a^m = b$이 됩니다. 모든 판타지 소설의 시작처럼 로그의 밑변환 판타지는 거의 이런 식의 시작입니다.

밑변환공식에서 육지 거북이 자주 등장합니다.

$a^m = b$의 양변에 b를 밑으로 하는 로그의 마법을 걸어 줍니다. 또로롱!

$$\log_b a^m = \log_b b$$

지수 꼴에 마법을 거니까 로그의 모습이 등장했습니다. 이제 이 식에서 오른쪽 (우변)을 눈여겨봅니다. 째려보지는 마시고 서로 시비 붙을 수가 있으니까요.

$\log_b b$는 밑과 진수가 같은 로그는 1이 된다고 앞에서 설명하였습니다. 기억이 안 나는 학생은 그럴 수도 있으니까 어서 앞으로 넘겨서 찾아보세요. 됐습니다. 그럼 $\log_b b$를 1로 바꾸겠습니다.

$\log_b a^m = 1$이 됩니다. 그 다음으로 목말 공식이 왼쪽(좌변)에서 일어납니다. 지수 꼴에 있는 육지 거북이 m을 앞으로 내려놓습니다.

$$m\log_b a = 1$$

이제 우변에 있는 m만 남기고 $\log_b a$를 우변으로 옮깁니다.

$$m = \frac{1}{\log_b a}$$

따라서 맨 처음 $\log_a b = m$이라고 두었습니다. 그래서 m자리에 $\log_a b$을 대신 써주면,

$$\log_a b = \frac{1}{\log_b a}$$

이라는 밑이 변한 공식이 등장합니다. 이런 밑변환공식을 사용하면 계산이 얼마나 간단히 끝날 수 있는가를 보여 주겠습니다.

예를 들어,

$$\log_8 2 = \frac{1}{\log_2 8} = \frac{1}{\log_2 2^3} = \frac{1}{3\log_2 2} = \frac{1}{3}$$

위의 풀이 과정을 찬찬히 들여다보면 지수법칙, 목말 공식, 로그의 성질 등등의 기술들이 숨어 있습니다. 이런 공식들이 어디어디 숨어 있는지 잘 찾아보면서 이번 수업을 마치겠습니다.

네_{번째} 수업 정리

밑변환공식

$$\cdot \log_a b = \frac{\log_c b}{\log_c a}$$

$$\cdot \log_a b = \frac{1}{\log_b a}$$

로그의
계산 법칙

같은 듯? 다른 듯? 지수 꼴과 소인수분해
이 장을 읽어 보면 다시는 헷갈리지 않을 겁니다.
왜냐고요?
글쎄요…… 그건, 비밀이니까. 쉿! 이 책을 읽어 본
사람 눈에만 보입니다.

로그의 계산 법칙에 대해 공부합니다.

미리 알면 좋아요

1. 소인수분해 어떤 자연수를 소수들의 곱으로 표현한 것입니다. 어떤 수를 소인수분해하는 방법이 한 가지밖에 없다는 것을 소인수분해의 일의성이라고 합니다.

2. 약분 분모와 분자를 그들의 공약수로 나누는 것을 말합니다. 분모와 분자에 0이 아닌 같은 수를 곱하거나, 0이 아닌 같은 수로 나누면 크기가 같은 분수가 됩니다. 이때, 분수의 분모와 분자를 그들의 공약수로 나누는 것을 약분이라고 합니다.

네이피어의
다섯 번째 수업

앞에서 밑을 바꾸는 밑변환공식을 배웠습니다. 밑변환공식을
이용하면 로그의 여러 가지 성질들이 성립함을 알 수 있습니다.
이 성질들을 배워보고 이것을 활용하여 로그의 계산 문제를 다루
어 보도록 하겠습니다. 옆에 있던 켁로그가 켁켁거리는 것을 보
니 자신도 돕겠다는 것 같습니다.

밑변환공식으로 새로운 밑을 이용하여 원래 식을 분수 형태로
분리할 수 있다는 것을 알았습니다. 이것을 반드시 기억하시고

다음 로그의 여러 가지 성질에 대해 배워봅니다. 주변이 약간 어두워서 dd에게 부탁하여 주변에 불을 한번 뿜으니 주변이 환합니다. 그때 우리들 앞에 처음으로 나타난 성질이 있습니다.

$$\log_{a^m} b^n = \frac{n}{m} \log_a b$$

이때, 이 성질 주변에 여러 명의 수행원들이 붙어 있습니다. a, b가 양수이고 $a \neq 1$이라는 수행원을 꼭 데리고 다닙니다. 로그에서는 이런 수행원을 데리고 다니지 않으면 오류가 발생할 수 있습니다. 켁로그가 옆에서 자꾸 켁켁거립니다. 아, 수학은 수로 예를 들어 주어야 학생들이 이해하기 쉽다고 말하는 것입니다. 우리는 옆에서 켁켁거리기 만해도 무슨 말을 하는지 다 압니다.

예를 들어 $\log_9 16$이 있다고 합니다. 오래간만에 이것을 한번 읽어 볼까요. 밑을 9로 하는 16의 로그라고 읽으면 됩니다. 항상 사람은 겸손하게 살아한다고 밑을 먼저 읽습니다. 아주 겸손한 인품의 로그입니다.

$$\log_9 16 = \log_{3^2} 2^4$$

여기서 잠깐 이해를 돕기 위해 설명 들어갑니다. 9를 소인수분해하여 3^2이 되었고, 16을 소인수분해하여 2^4이 된 것입니다. 소인수분해하면 거듭제곱 꼴로 나타낼 수 있고 그것을 다른 말로 지수 꼴이라고 합니다. 다 비슷한 말인 것 같습니다. 화장지, 똥종이, 휴지 뭐 이런 유사한 표현인 셈입니다.

$$\log_9 16 = \log_{3^2} 2^4 = \frac{4}{2}\log_3 2$$

앗! 여기서 잠시 정지. 3의 지수(3 위에 있는 조그마한 수)를 앞으로 끄집어내어 분수의 분모로 보내고 2의 지수를 앞으로 끄집어내어 분수의 분자로 만들어줬습니다.

야! 대단한 기술입니다. 반드시 알아두세요. (중간 장면들이 보이지는 않았지만) 방금 우리들은 조그마한 수들이 커지면서 분모와 분자를 만드는 장면을 연속해서 본 것이거든요. 대단합니다. 아주 박진감 있었어요. 마치 바닷가에서 폭죽이 하늘로 올라가면서 펑 터져 빛을 내는 것 같았습니다. 여러분들도 그 장면을 상상해 보세요. 하지만 폭죽의 아름다움도 잠시 $\frac{4}{2}\log_3 2$에서 $\frac{4}{2}$는 폭죽이 사그라지듯이 약분이 되어 2가 되며 그 크기가 줄어듭니다.

분수에는 약분이라는 것이 있습니다. 따라서,

$$\frac{4}{2}\log_3 2 = 2\log_3 2$$

가 됩니다. 처음과 끝만을 비교해 보면 $\log_9 16 = 2\log_3 2$가 되는 것입니다. 중간 과정을 모르는 사람은 '뭐야, 이거 잘못된 것 아냐'라고 생각할 수 있습니다. 세상은 자신이 아는 만큼 보인다는 말이 있습니다. 우리는 이제 이런 것이 나오면 '아, 왜 그런지 알겠어'라고 대답할 수 있도록 연습을 많이 해 보도록 합니다.

이제 배우게 될 성질은 앞에서 배운 것이랑 똑같지만 처음 배우는 사람에게는 약간 다르게 보이기도 합니다. 자, 한번 보도록 합니다.

네이피어가 들려주는 로그 이야기

$$\log_{a^m} b = \frac{1}{m} \log_a b$$

이 식을 보면 우리를 살짝 낚을 수도 있는 장면이 숨어 있습니다. 밑으로 a에서 지수 m이 분수의 분모 지역으로 나갑니다. 쏴악~ 소리를 내며 나가지요. 그런데 분수의 분자 지역의 1은 도대체 어디에서 왔을까요. 옆집에서 왔나 해서 옆집에 물어보니 옆집에서는 1을 보낸 적이 없다고 합니다. 그럼 1은 어디에서 왔을까요? 비밀은 진수 b에 숨어 있습니다. 숨어 있다면 어떻게 된 것일까요. 음, 중학교 1학년 때 배우는 내용입니다. b^2은 b가 두 번 곱해져 있다고 b 위에 조그맣고 귀엽게 2라고 씁니다. 세 번 곱해지면 3이라고 쓰겠지요. 물론 조그맣고 귀엽게 써야 합니다. 그런데 b가 한 번 곱해지면 b^1이라고 쓰면 되는데 무슨 일인지 b가 한 번 곱해지면 1은 안 써도 된다고 합니다. 그리고 그들은 이렇게 말합니다. b 위에 1이 생략되어 있다고……. 이유야 어찌됐든 간에 우리가 태어나기 전에 이미 그렇게 하기로 약속되어 버렸습니다. 이제 바꿀 수 없습니다. 우리가 그렇게 따를 수밖에 없습니다. x라고 하면 x 위에 1이 생략되어 있다고 생각하세요.

$$\log_{a^m} b = \frac{1}{m} \log_a b$$

여기서 1은 b 위의 생략된 1이 뛰쳐나온 것이라는 것을 알게 되지요. 아! 이제 이 성질에서 숨은 비밀을 밝혔습니다.

"b 위에 1이 생략되어 있다. b 위에 1이 생략되어 있다."

마치 임금님 귀는 당나귀라고 하는 심정으로 외칩니다. 갑자기 임금님 귀라는 말이 나왔으니 이 귀에 대한 로그의 성질을 알아보겠습니다.

$$a^{\log_c b} = b^{\log_c a}$$

엥? 이것이랑 임금님 귀는 어떤 상관인가요? 임금님 귀랑은 상관이 없습니다. 단지 귀랑 상관이 있습니다. 임금님 귀는 아니더라도 귀랑은 어떤 상관일까요? 몹시 궁금해 하는 dd 입에서 연기가 나옵니다. dd가 불을 뿜기 전에 설명을 해야겠습니다.

그림에 나온 사람의 귀를 잘 보고 생각해 봅니다. 귀 a가 크게 보이고 귀 b가 작게 보이는 그림은 $a^{\log_c b}$과 같습니다. 좀 잘 보세요. 그 다음으로 귀 b가 크게 보이고 귀 a가 작게 보이는 그림은 $b^{\log_c a}$과 같다고 보면 됩니다. 하지만 정면에서 본다면 귀 a와 귀 b는 크기가 같아 보입니다. 그래서 마치 a와 b가 같다고 생각하여

$$a^{\log_c b} = b^{\log_c a}$$

라고 씁니다. a와 b를 자리 바꾸어도 성립이 된다고 보면 됩니

다. 결코 수학적이지 않습니다. 옆에서 dd는 웃는다고 불을 위로 뿜고 켁로그는 켁켁거리며 나보고 수학자가 맞느냐고 비난합니다. 하지만 때론 이런 학습 방법도 입시 위주인 우리 학생들에게 조금은 도움이 됩니다. 그럼 기존 수학선생님들이 주장하는 증명을 보여 주겠습니다. 판단은 수학을 배워서 시험을 치르는 여러분들의 몫입니다.

　기존의 증명 방법입니다.

$a^{\log_a b} = m$(육지거북이)이라 놓아 양변에 c를 밑으로 하는 로그를 취하면

$\log_c a^{\log_a b} = \log_c m$(여기서 목말 법칙-앞에 찾아보면 있어요)

목말 내려줘

$\log_c a^{\log_c b} = \log_c m$

$\log_c b \cdot \log_c a = \log_c m$

이번엔 내가 목말 탈 차례

$\log_c a \cdot \log_c b$

$\log_c b^{\log_c a} = \log_c m$ (양변에 똑같이 $\log_c$를 철수시키면)

$b^{\log_c a}=m$이 나옵니다. 처음에 나온 육지 거북이 m을 $a^{\log_c b}$라고 두었습니다. 나중에 나온 m의 결과는 $b^{\log_c a}$가 되었습니다. 같은 종인 육지거북이 m이므로 $a^{\log_c b}=m=b^{\log_c a}$에서 m은 빼내고 $a^{\log_c b}=b^{\log_c a}$라는 성질이 증명되었습니다.

수를 사용하여 보여주어야 우리 학생들은 더욱 안심할 수 있습니다. 나도 그 마음 잘 압니다.

$$5^{\log_{10}2}=2^{\log_{10}5}$$

수를 보니 좀 더 이해가 빨리 되는 것 같습니다. 역시 문자보다는 수가 우리의 마음에 더 와 닿는 것 같습니다. 하하! 때로는 지긋지긋한 수가 이렇게 반가울 수가 없습니다. 이렇듯 사람마음이란 생각하기 나름입니다.

이제 마지막으로 정리할 로그의 계산 법칙입니다.

$a^{\log_a b}=b$라는 로그의 계산 법칙입니다. 이번에는 기존의 증명으로 설명해 드리겠습니다.

$a^{\log_a b}=m$이라는 육지거북이로 놓으면 양변에 a를 밑으로 하는 로그라는 마법을 걸어 줍니다.

$$\log_a a^{\log_a b} = \log_a m$$

음, 여기서 목말의 성질에 따라서 지수 지역에 있는 $\log_a b$가 내려와 앞으로 갑니다.

$$\log_a b \log_a a = \log_a m$$

여기서 진한 로그 부분을 잘 보면 $\log_a a = 1$이 된다는 것을 앞에서 배웠습니다. 기억 안 나면 앞으로 넘겨보세요. 손가락은 뒀다가 어디에 씁니까? 하하!

$$\log_a b (1이 곱해지면 1은 생략됨) = \log_a m$$

여기서 양쪽에 똑같이 걸린 $\log_a$ 마법을 풀면 $b = m$이 됩니다. 앞에서 $a^{\log_a b} = m$이라는 육지거북이로 두었지요. 이제 b가 육지거북이 m이라고 했으니 다음과 같은 식이 성립됩니다.

$$a^{\log_a b} = m = b$$

네이피어가 들려주는 로그 이야기

이제 가운데 육지 거북이 m을 빼면,

$$a^{\log_a b} = b$$

라는 로그의 계산 법칙이 나옵니다.

제법 어렵지요. 그럼 수학 선생님들이 말도 안 된다고 하시는 귀 공식을 이용하여 풀어 보겠습니다.

$a^{\log_a b}$ 식에서 밑으로 a라는 귀와 위의 b라는 귀를 바꿉니다. $b^{\log_a a}$가 됩니다. b의 지수 부분을 잘 보세요. $\log_a a = 1$이 됩니다. 그래서 다시 쉽게 정리하면, $a^{\log_a b} = b$라는 결과를 얻습니다.

위의 내용은 로그 문제를 다룰 때 계산 과정에서 자주 활용되는 계산 법칙이므로 기억해 두면 많이 편리할 것입니다. 로그의 여러 가지 성질에서 지수를 먼저 계산하여 식을 정리한 후 로그의 여러 가지 성질을 이해하면 좋습니다. dd가 지루한지 불을 뿜기 전의 단계로 코에서 검은 연기가 나오려고 합니다. 이번 수업을 마치고 도망갑니다. 다음 수업시간에 상용로그에서 쌍용인 dd의 활약을 기대하세요.

다섯번째 수업 정리

로그의 계산

- $\log_{a^m} b^n = \dfrac{n}{m}\log_a b$

- $\log_{a^m} b = \dfrac{1}{m}\log_a b$

- $a^{\log_c b} = b^{\log_c a}$

상용로그

9는 봐줘도 10은 절대로 못 봐줘!

내가 누구냐고? 나 몰라? 나, 상용이야 상용이!

상용로그표가 만들어지고 사용되는 법을 가르쳐 드립니다.

1. 상용로그에 대해 공부합니다.

2. 상용로그표를 이용하는 방법을 배웁니다.

미리 알면 좋아요

브리그스 영국의 수학자이자 천문학자. J.네이피어가 로그를 발견하자 그 중요성을 인식하여 그와 공동으로 로그의 기본 부분을 수립하였습니다. 10을 밑으로 하는 상용로그를 흔히 '브리그스 로그 수'라고 부릅니다.

요크셔의 월리우드 출생. 1581년 케임브리지의 세인트 존스 칼리지를 졸업하고, 1596~1620년 런던의 그레셤 칼리지의 초대初代 기하학 교수로 있었으며, 나중에 옥스퍼드 대학의 천문학 교수가 되었습니다.

상용로그를 배우기 전에 나에 대한 이야기를 좀 하겠습니다. 앞에서도 살짝 내 이야기를 했지만 한 번 더 들어주세요. 내가 영국인이라는 것은 다 알고 계시죠? 그것마저 까먹다니 너무 하는군요. 하하. 나는 1614년에 〈놀라운 로그 체계〉라는 논문을 발표했습니다. 여기에 나는 분 단위의 각에 대한 사인의 로그 값을 계산한 표를 실었습니다. 사인은 아빠가 밥 먹고 카드 전표에 하는 그런 사인이 아닙니다. 직각삼각형의 변의 비를 나타낼 때 쓰는 그런 사인입니다. 내가 발견한 로그는 자리수가 큰 수의 곱셈이나 나눗셈을 덧셈 또는 뺄셈으로 바꾸어 쉽게 계산할 수 있습니다. 로그는 그리스어인 '비의 수'라는 복합어입니다. 나는 처음에는 '인공 수'라고 표현했다가 나중에 로그라는 말로 바꾸었습니다. 켁로그가 옆에 있다가 좋아라하며 박수를 칩니다.

하지만 나중에 나보다 더 로그를 널리 보급시킨 친구가 있습니다. 그의 이름은 켁로그가 아닌 브리그스입니다. 그는 수를 10의 거듭제곱으로 나타내면 내가 만든 표가 더욱 편리해진다는 것을 알았습니다. 그래서 그는 나와 함께 상용로그표를 만들었던 것입니다. 그때는 아직 컴퓨터가 생기기 전이라 얼마나 고생했는지 모릅니다. 게다가 오락도 못하고……, 오늘날 여러분들이 사용하는 '가수(노래하는 그런 가수 아닙니다)', '지표(쥐포의 잘못 쓴 말이 아닙니다.)' 등의 용어도 브리그스가 쓴 《로그 산술》에서 나왔습니다. 대단한 친구지요.

이제 우리가 공동 연구한 상용로그에 대해 공부해 보겠습니다. 브리그스 고마워!

우리가 일상생활에서 사용하는 수는 십진법의 수입니다. 그래서 로그의 계산에서 10을 밑으로 하는 로그를 사용하는 것이 편리합니다. 컴퓨터에서 호환이 가능하다는 말과 비슷하지요.

상용로그가 바로 호환이 쉬운 밑이 10인 로그입니다. $\log_{10}N$과 같이 10을 밑으로 하는 상용로그는 보통 밑 10을 생략하여 $\log N$으로 나타냅니다.

더욱더 간편하게 변하는 상용로그입니다. 옆에 있던 dd의 목에 힘이 바짝 들어갑니다. 자기가 바로 쌍용이라고 합니다. 그렇습니다. dd는 쌍용입니다. 글자는 약간 달라도 dd는 쌍용입니다. 그래서 dd의 밑에 10이라는 수가 적혀 있습니다. dd의 엉덩이에 돼지고기에 파란 검인을 찍듯이 10이라는 숫자가 파랗게 찍혀 있습니다. 나도 처음에는 그 도장이 상당히 궁금했는데 이제서야 의문이 풀리는군요.

상용로그의 정의를 dd의 목소리로 들어 봅니다. 크아아---하 dd의 목소리로 들으니 무슨 소린지 몰라 제가 정리해 주겠습니다. 10을 밑으로 하는 로그를 상용로그라고 하고,

$$\log_{10}N \Leftrightarrow \log N \ (단, \ N > 0)$$

2의 상용로그의 값은 $\log 2$이며, 이때 $\log 2$는 $\log_{10} 2$를 뜻합니다. 한편, 진수가 10배씩 커지면 상용로그의 값은 1씩 증가할 것입니다. 무슨 말인가 모르는 사람이 있어 dd가 살짝 예를 들어 준다고 합니다. 크 아아---

네이피어가 들려주는 로그 이야기

$$\log_{10}1=0$$

$$\log_{10}10=1$$

$$\log_{10}100=\log_{10}10^2=2$$

$$\log_{10}1000=\log_{10}10^3=3$$

각각의 진수를 10의 거듭제곱 형태로 만들면 쉽게 해결할 수가 있습니다. 옆에 크아아하 하면서 dd가 자기가 하려던 말이 그 말이었다고 합니다. 그래서 우리는 다음을 보고 연습을 할 수 있습니다.

$\log 10=1$을 이용하여 다음 로그의 값을 구해 봅시다.

$\log 100$은 2입니다. $\log 1000$은? 켁로그가 세 번 켁켁거리니까 3이 맞는 것 같습니다. 그 덕분에 감이 조금 옵니다. $\log 100000$은 1 뒤에 동그라미가 5개니까 답은 5입니다. 상용로그라서 그런 것입니다. 감만 잡았던 것을 이제는 확실하게 알 수 있도록 풀어 주겠습니다.

log100000＝log10⁵(목말 탄 것 내려놓기)＝5log10(생략되어 있는 밑 10은 나타나라 오바--)＝5 $\log_{10}10$(밑과 진수가 같은 로그는 1이 되는 거 알고 있지요?)＝5

이제는 좀 다른 형태의 로그입니다. 하지만 기본은 log10＝1을 이용합니다. 봅시다.

$$log0.01$$

띠용-- 진수 자리에 소수가 와 있습니다. 그리고 밑이 감추어진 상용로그입니다.

그렇습니다. 저도 dd의 엉덩이에 있는 10은 목욕탕에서 보았습니다. 평소에는 감추어져 있습니다. 누가 평소에 엉덩이를 까고 다니겠습니까? 상용로그는 밑 10이 감추어진 로그입니다. dd를 보면 알 수 있습니다.

그건 그렇고 우리 앞에 놓인 log0.01을 해결해야지요.

초등학교 시절을 잠시 회상해 봅니다. 소수는 분수로 고치는 것 기억납니까? 그래요. 그땐 수학이 좀 쉬웠는데 아, 그립군요. 진수의 소수를 분수로 고쳐 봅니다.

$$\log 0.01 = \log \frac{1}{100}$$

그 다음으로 슈티펠이 들려주는 지수이야기를 읽은 사람은 쉽게 알 수 있지만 안 읽은 분도 간혹 있으므로,

$$\frac{1}{100} = \frac{1}{10^2} = 10^{-2}$$

이렇게 $\dfrac{1}{100}$이 변하는 것은 무죄입니다. 여자의 변신은 본능인 것처럼 말입니다.

그래서 $\log 0.01 = \log 10^{-2}$로 변신을 하고 다시 -2가 무거워 목말에서 내려서 $-2\log 10$으로 변합니다. 그 다음은 어떻게? 좀 전에 한 것처럼 하면 됩니다. 생략된 밑 10을 보여줍니다. dd가 목욕탕에서 엉덩이 까듯이 밑 10이 드러납니다.

$$-2\log 10 = -2\log_{10}10(\log_{10}10\text{이 1로 생략되어}) = -2$$

입니다. 진수가 소수로 나오면 분수로 고쳐서 계산하면 되고요. 그 결과 로그의 값은 음수가 됩니다.

일반적으로 10^n (n은 실수) 꼴인 수에 대한 상용로그의 값은 로그의 성질을 이용하여 간편하게 구할 수 있습니다. 10^n이라고 하니까 안 배운 것 같이 보이지요. 앞에서 진수 10^2, 10^{-2}의 모양을 일반적으로 나타낸 것을 10^n 꼴이라고 합니다.

하지만 10^n의 꼴이 아닌 수 x(누군지 모르니까 x라 둔 것입니다)의 상용로그의 값은 어떻게 구할까요? 예를 들어 x가 6.27이라고 하면 $\log 6.27$이 됩니다. 이럴 땐 어떻게 해야 합니까? 켁로

그는 왜 내게 물어보냐며 dd에게 물어보라고 합니다. dd가 입

안에 있던 여의주를 통해서 다음과 같은 글을 보여 줍니다.

$x = a \times 10^n \ (1 \leqq a < 10)$ 에서

$\log x = \log(a \times 10^n) = \log a + \log 10^n$

$$= \log a + n$$

으로 변형한 후 상용로그표를 이용한다는 글이 적혀 있습니다.

수	0	1	2	3	4	5	6	7	8	9	비례부분								
											1	2	3	4	5	6	7	8	9
0.0	.0000	.0043	.0085	.0126	.0170	.0212	.0253	.0294	.0334	.0374	4	8	12	17	21	25	29	33	37
1.1	.0414	.0453	.0492	.0531	.0569	.0607	.0645	.0682	.0719	.0755	4	8	11	15	19	23	26	30	34
1.2	.0792	.0828	.0864	.0899	.0934	.0969	.1004	.1038	.1072	.1106	3	7	10	14	17	21	24	28	31
1.3	.1139	.1173	.1206.	.1239	.1271	.1303	.1335	.1367	.1399	.1430	3	6	10	13	16	19	23	26	29
1.4	.1461	.1492	1523	.1553	.1584	.1614	.1644	.1673	.1703	.1732	3	6	9	12	15	18	21	24	27
1.5	.1761	.1790	.1818	.1847	.1875	.1903	.1931	.1959	.1987	.2014	3	6	8	11	14	17	20	22	25
1.6	.2041	.2068	.2095	.2122	.2148	.2175	.2201	.2227	.2253	.2279	3	5	8	11	13	16	18	21	24
1.7	.2304	.2330.	.2355	.2380	.2405	.2430	.2455	.2480	.2504	.2529	2	5	7	10	12	15	17	20	22
1.8	.2553	2577	.2601	.2625	.2648	.2672	.2895	.2718	.2742	.2765	2	5	7	9	12	14	16	19	21
1.9	.2788	.2810	.2833	.2856	.2878	.2900	.2923	.2945	.2967	.2989	2	4	7	9	11	13	16	18	20
2.0	.3010	.3032	.3054	.3075	.3096	.3118	.3139	.3160	.3181	.3201	2	4	6	8	11	13	15	17	19
2.1	.3222	.3243	.3263	.3284	.3304	.3324	.3345	.3355	.3385	.3404	2	4	6	8	10	12	14	16	18
2.2	.3424	.3444	.3464	.3483	.3502	.3522	.3541	.3560	.3579	.3598	2	4	6	8	10	12	14	15	17
2.3	.3617	.3636	.3655	.3674	.3692	.3711	.3729	.3747	.3766	.3784	2	4	6	7	9	11	13	15	17
2.4	.3802	.3820	.3838	.3856	.3874	.3892	.3903	.3927	.3945	.3962	2	4	5	7	9	11	12	14	16
2.5	.3979	.3997	.4014	.4031	.4048	.4065	.4082	.4099	.4116	.4133	2	3	5	7	9	10	12	14	15
2.6	.4150	.4165	.4183	.4200	.4216	.4232	.4249	.4265	.4281	.4298	2	3	5	7	8	10	11	13	15
2.7	.4314	.4330	.4346	.4362	.4378	.4393	.4409	.4425	.4440	.4456	2	3	5	6	8	9	11	13	14
2.8	.4472	.4487	.4502	.4518	.4533	.4548	.4564	.4579	.4594	.4609	2	3	5	6	8	9	11	12	14
2.9	.4624	.4639	.4654	.4669	.4683	.4698	.4713	.4728	.4742	.4757	1	3	4	6	7	9	10	12	13
3.0	.4771	.4786	.4800	.4814	.4829	.4843	.4857	.4871	.4886	.4900	1	3	4	6	7	9	10	11	13
3.1	.4914	.4928	.4942	.4955	.4969	.4983	.4997	.5011	.5024	.5038	1	3	4	6	7	8	10	11	12
3.2	.5051	.5065	.5079	.5092	.5105	.5119	.5132	.5145	.5159	.5172	1	3	4	5	7	8	9	11	12
3.3	.5185	.5198	.5211	.5224	.5237	.5250	.5263	.5276	.5289	.5302	1	3	4	5	6	8	9	10	12
3.4	.5315	.5328	.5340	.5353	.5366	.5378	.5391	.5403	.5416	.5428	1	3	4	5	6	8	9	10	11
3.5	.5441	.5453	.5465	.5478	.5490	5502	.5514	.5527	.5539	.5551	1	2	4	5	6	7	9	10	11
3.6	.5563	.5575	.5587	.5599	.5611	.5623	.5635	.5647	.5658	.5670	1	2	4	5	6	7	8	10	11
3.7	.5682	.5694	.5705	.5717	.5729	.5740	.5752	.5763	.5775	.5786	1	2	3	5	6	7	8	9	10
3.8	.5798	.5809	.5821	.5832	.5843	.5855	.5866	.5877	.5888	.5889	1	2	3	5	6	7	8	9	10
3.9	.5911	.5922	.5933	.5944	.5955	.5966	.5377	.5908	.5999	.6010	1	2	3	4	5	7	8	9	10
4.0	.6021	.6031	.6042	.6053	.6064	.6075	.6085	.6096	.6107	.6117	1	2	3	4	5	7	8	9	10
4.1	.6128	.6138	.6149	.6160	.6170	.6180	.6191	.6201	.6212	.6222	1	2	3	4	5	6	7	8	9
4.2	.6232	.6243	.6253	.6263	.6274	.6284	.6294	.6304	.6314	.6325	1	2	3	4	5	6	7	8	9
4.3	.6335	.6345	.6355	.6365	.6375	.6385	.6395	.6405	.6415	.6425	1	2	3	4	5	6	7	8	9
4.4	.6435	.6444	.6454	.6464	.6474	.6484	.6493	.6503	.6513	.6522	1	2	3	4	5	6	7	8	9
4.5	.6532	.6542	.6551	.6561	.6571	.6580	.6530	.6599	.6609	.6618	1	2	3	4	5	6	7	8	9
4.6	.6628	.6637	.6646	.6656	.6665	.6675	.6584	.6593	.6702	.6712	1	2	3	4	5	6	7	7	8
4.7	.6721	.6730	.6739	.6749	.6758	.6767	.6776	.5785	.6794	.6803	1	2	3	4	5	6	7	7	8
4.8	.6812	.6821	.6830	.6839	.6848	.6857	.6866	.6875	.6884	.6893	1	2	3	4	4	5	6	7	8
4.9	.6902	.6911	.6920	.6928	.6937	.6946	.6955	.6964	.6972	.6981	1	2	3	4	4	5	6	7	8
5.0	.6990	.6998	.7007	.7016	.7024	.7033	.7042	.7050	.7059	.7067	1	2	3	3	4	5	6	7	8
5.1	.7076	.7084	.7093	.7101	.7110	.7118	.7126	.7135	.7143	.7152	1	2	3	3	4	5	6	7	8
5.2	.7160	.7168	.7177	.7185	.7193	.7202	.7210	.7218	.7226	.7235	1	2	2	3	4	5	6	7	7
5.3	.7243	.7251	.7259	.7267	.7275	.7284	.7292	.7300	.7308	.7316	1	2	2	3	4	5	6	6	7

왱? 웬 상용로그표? 뭔가 해결할 수 있는 부적 같은 것인가 봅니다.

상용로그표는 어떻게 이용하는 걸까요? 상용로그표를 만든 원조는 나랑 같이 로그를 연구한 브리그스입니다. 대단한 집념의 사나이지요.

내가 로그를 발견하자 그 중요성을 곧 인정하여 에든버러로 나를 찾아와 의견을 교환하였으며, 그 후 공동으로 로그의 기본부분을 수립하였습니다. 10을 밑으로 하는 상용로그를 흔히 '브리그스 로그 수'라고 부르는데, 그 까닭은 그 후에 브리그스가 그 수 값의 산정에 정력을 기울여 1624년의 저서 《로그 산술 Arithmetica Logarithmica》에 1부터 2만까지, 9만부터 10만까지의 14자리 대수를 실었기 때문이지요. 난 그의 눈빛에서 대단한 일을 할 것이라고 미리 짐작했습니다.

이제부터 상용로그표를 이용하는 방법을 이야기하겠습니다.

$\log 6.27$이 있다고 합시다. 상용로그표에서 왼쪽 '수'의 난에서 밑으로 쭉 내려가면 6.2가 있습니다. 그리고 위쪽 '수'의 난에서 옆으로 쭉 이동하며 7을 찾습니다. 그래서 아래의 그림과 같이 두 화살표가 만나는 곳의 수를 읽으면 됩니다.

$x = \log 6.27 = 0.7973$. 따라서 $x = 0.7973$입니다. 이것은 진

수를 알고 로그의 값으로 x를 구하는 방법입니다.

　이번에는 로그의 값을 알고 진수로써 x를 구하는 문제를 알아

보겠습니다.

　$\log x = 0.8007$의 경우는 상용로그표의 안쪽에서 .8007을 찾

아서 왼쪽과 위쪽으로 각각 반직선을 그어보면 아래의 그림과 같

이 6.3과 2가 만납니다.

이때, 구하는 수는 6.32입니다. 즉,

$\log x = 0.8007$, $\log 6.32 = 0.8007$ 따라서 $x = 6.32$

수	0	1	2	3	4	5	6	7	8	9
⋮	⋮	⋮	⋮	⋮	⋮	⋮	⋮	⋮	⋮	⋮
6.0	.7782	.7789	.7796	.7803	.7810	.7818	.7825	.7832	.7839	.7846
6.1	.7853	.7860	.7868	.7875	.7882	.7889	.7896	.7903	.7910	.7917
6.2	.7924	.7931	.7938	.7945	.7952	.7952	.7960	.7973	.7980	.7987
6.3	.7993	.8000	.8007	.8014	.8021	.8021	.8035	.8041	.8048	.8055
6.4	.8062	.8069	.8075	.8082	.8089	.8089	.8102	.8109	.8116	.8122
⋮	⋮	⋮	⋮	⋮	⋮	⋮	⋮	⋮	⋮	⋮
⋮	⋮	⋮	⋮	⋮	⋮	⋮	⋮	⋮	⋮	⋮
9.9	⋮	⋮	⋮	⋮	⋮	⋮	⋮	⋮	⋮	⋮

　　상용로그표를 이용하여 상용로그의 값을 구하는 것 말고 계산기를 이용하여 상용로그의 값을 구해보겠습니다. 계산기 또는 그래프가 가능한 계산기를 사용하면, 상용로그의 값을 쉽게 구할 수 있습니다.

보기 $\log_{10} 346$의 값을 다음과 같이 구한다.

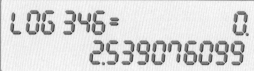

계산기를 이용하여 주어진 수의 상용로그의 값을 구할 수가 있었습니다.

dd와 켁로그가 계산기를 보며 매우 신기해 합니다. 버튼을 하나 누를 때 마다 수가 나오니 켁로그는 깜짝 놀라고 dd는 액정을 보면서 눈을 부라립니다. 만약 수가 튀어나오면 방어하려고 바짝 긴장한 모습이 재미있습니다. 이제 어느 정도 상용로그의 뜻에 대해 알아본 것 같습니다. 그때 dd가 그게 다는 아니라며 손사래를 칩니다. dd가 손사래를 칠 때마다 dd의 손등에 붙어 있는 용의 비늘이 떨어집니다. dd는 두 마리의 용입니다. 한 마리의 이름은 지표이고 다른 한 마리는 가수입니다. dd는 지표와 가수로 이루어진 듀엣입니다. 앞에 있는 용이 지표이고 뒤에 있는 용이 가수입니다. 이번 수업시간에는 여기까지 공부하고 다음 수업시간에 dd, 즉 상용로그의 지표와 가수에 대해 공부하도록 하겠습니다. 이때 가수 이름의 용이 자신은 노래를 잘 하는 가수라며 마이크를 잡고 노래하는 시늉을 합니다. 그 모습을 보니 용의 비늘이 마치 밤무대 가수의 의상에 붙은 비늘과 같습니다. 아무튼 다음 시간에 그들의 활약을 기대해 봅시다.

:: 여섯번째 수업 정리

❶ 10을 밑으로 하는 로그를 상용로그라고 하고

$\log_{10}N \Leftrightarrow \log N$ (단, $N > 0$)

❷ 기본 성질

$\log_{10}1 = 0$

$\log_{10}10 = 1$

$\log_{10}100 = \log_{10}10^2 = 2$

$\log_{10}1000 = \log_{10}10^3 = 3$

❸ 계산법

$x = a \times 10^n \, (1 \leqq a < 10)$ 에서

$\log x = \log(a \times 10^n) = \log a + \log 10^n$

$\qquad\qquad\qquad\qquad = \log a + n$

상용로그의
지표와 가수

얼굴 없는 가수?
자, 소개합니다. 노래 없는 가수! 노래하지 않는 가수!
지표와 가수!

1. 지표와 가수에 대해 배워봅니다.

2. 상용로그의 값을 찾아봅니다.

미리 알면 좋아요

1. <u>정수</u> 자연수를 포함해 0과 자연수에 대응하는 음수를 모두 이르는 말입니다. 이때 자연수를 양의 정수라 하고 이들에 대응하는 음수를 음의 정수라고 합니다. 정수는 서로 더하거나 빼거나 곱하여도 그 결과가 역시 정수입니다. 그러나 정수를 정수로 나누면 그 결과가 항상 정수인 것은 아닙니다.

2. <u>소수</u> 0보다 크고 1보다 작은 실수 0 다음에 점을 찍어서 나타냅니다. 이때 점을 소수점이라고 합니다.

3. <u>거듭제곱</u> 영어로는 파워라고 읽습니다. 같은 수를 일정한 횟수만큼 반복해서 곱하는 것을 말합니다. 3×3은 3의 제곱이라고 하며, 3^2으로 나타냅니다. 3^2에서 3을 밑, 2를 지수라고 부릅니다. 거듭제곱의 개념은 음수와 분수에도 사용됩니다.

지표와 가수를 배우기 전에 수학의 감을 한번 불러와 봅니다. 수학의 신이 들려야 불러 낼 수 있습니다. 어떤 수학하시는 분은 수학적 직관이라고 말하는 분도 있습니다. 물론 그분과 나는 친하지 않습니다.

그럼 지금부터 나오는 3, 30, 300의 상용로그 값을 살펴보겠습니다. 살펴보는 도중 갑자기 그분이 오신 분은 말씀하세요. 만약 그분이 오신 분이 계시다면, 다음 글은 안 봐도 됩니다.

$$\log_{10}3 = 0.\times\times\times\times$$

$$\log_{10}30 = 1.\times\times\times\times$$

$$\log_{10}300 = 2.\times\times\times\times$$

아마 이것만 보고 그분이 오시길 기대하는 것은 무리일 것입니다. 상용로그 3의 값은 정수 부분이 0이고, 상용로그 30의 값은 정수 부분이 1, 상용로그 300의 값은 정수 부분이 2라는 것을 알수 있습니다. 아직 그분이 안 왔지요? 3은 1과 10 사이에 있는 한 자리 수이기 때문에 정수 부분이 0입니다. 30은 10과 100 사이에 있는 두 자리 수이기 때문에 정수 부분이 1입니다. 이제, 슬슬 그분이 오시나요? 300은 100과 1000 사이에 있는 세 자리 수이기 때문에 정수 부분이 2입니다. 그분이 온 사람은 다음과 같이 신들려 외칩니다.

"상용로그 값에서 정수부분이 의미하는 것은 진수의 자리수 야———아!"

상용로그 값 1과 2 사이는 10과 100 사이의 수라고 할 수 있습니다. 이제부터 우리는 상용로그의 값의 정수 부분을 지표라고 부르도록 합시다. 자, 다 같이 불러보아요. 지————표!

지표는 상용로그 안에 있는 진수의 자릿수를 알려 주는 역할을 합니다. 역할에 충실한 지표입니다. 이제, 지표에 대해선 감을 좀 잡았으니 지표와 가수를 함께 정리해 봅니다.

예를 들어,

$\log 8.15 = 0.9112 = 0 + 0.9112$

$\log 34.5 = 1.5378 = 1 + 0.5378$

$\log 100 = 2 = 2 + 0$

$\log 0.815 = -0.0888 = -1 + 0.9112$

와 같이 상용로그 $\log N$의 값은

$$\log N = (정수) + (0 \text{ 또는 양의 소수})$$

의 꼴로 나타낼 수 있습니다. 이때, 정수를 $\log N$의 지표, 0 또는 양의 소수를 $\log N$의 가수라고 하고 $\log N$을 다음과 같이 나타냅니다.

$$\log N = (지표) + (가수) \ (단, \ 0 \leq 가수 < 1)$$

가수는 0 이상이고 1 미만의 수입니다. 이제 이런 지표와 가수의 성질에 대해 알아보겠습니다. 가수의 성질이라, 아! 아! 아!, 마이크 테스트!

수 345와 0.00345가 등장합니다. 무슨 일일까요. 음, 지표와 가수를 말해주기 위해서 왔다고 하네요. 오---예. 이 두 수를 10의 거듭제곱으로 나타내 보겠습니다. 괜찮겠지요. 345와 0.00345씨! 괜찮다고 하는군요.

$$345 = 10^2 \times 3.45$$

혼자만 변신할 수 없어서,

$$0.00345 = 10^{-3} \times 3.45$$

앞에서 배웠듯이 소수를 지수 꼴로 고치면 지수에 음수가 나온다고 했습니다. 물론 기억이 잘 안 나면 물어보든지 앞 쪽을 읽어보세요. 근데 주변에 있는 고등학교 2학년 잘생긴 형이나 누나에게 물어보세요. 그럼 잘 알 수 있어요. 못 생기고 날라리는 안돼요.

그런데 $\log 3.45 = 0.5378$입니다. 물론 상용로그표를 찾아서 적은 것입니다. 이것을 이용하여 위 두 수의 상용로그의 값을 구할 수 있습니다. 굳이 누가 구하라고 한 것은 아니지만 나, 네이피어는 내 운명이라고 생각하고 구해 보겠습니다.

$$\log 345 = \log(10^2 \times 3.45) = \log 10^2 + \log 3.45$$

로그는 곱셈을 덧셈으로 바꿀 수 있는 우리가 봤을 때, 마법 같은 성질이 있습니다. 그렇습니다. 계산은 곱셈보다는 덧셈이 더 쉬우니까요.

여기서 앞에서 배운 마법을 다시 복습해 봅니다. 로그의 성질 마법입니다.

$\log 10^2$을 가지고 마법을 부립니다. $\log_{10} 10^2$에서 사라진 밑 10을 재생시키는 마법입니다. 그 다음으로 목말 공식으로 진수 10 위의 2가 앞으로 나가면서 커집니다. $2\log_{10} 10$. 다시 마지막 마법입니다. 밑의 10과 진수의 10이 같으면 사라지는 마법이지요. 그래서 결과는 2가 됩니다.

다시 마법계에서 현실계로 돌아와서,

$$\log 10^2 + \log 3.45 = 2 + 0.5378 = 2.5378$$

이 됩니다. 이제 한 녀석만 더 상대하면 됩니다.

$$\log 0.00345 = \log(10^{-3} \times 3.45) = \log 10^{-3} + \log 3.45$$

여기에도 위와 똑같은 마법을 걸 수 있습니다. 마법의 주문이 같다는 소리입니다.

그래서,

$$(-3) + 0.5378$$

자, 이제 나중에 여러분도 마법의 주문을 걸 수 있도록 주문을 가르쳐 드리겠습니다. 하지만 주문을 걸어본 사람은 알겠지만 우리가 잘 모르는 이상한 말로 주문을 걸지요. 뭐, 우라까라샤리-- 같은 이상한 말들이죠. 보세요.

양수 x, $x = 10^n \times a$(n은 정수, $1 \leq a < 10$)의 꼴로 나타내기

주문 : "등식의 양변에 상용로그의 마법을 취합니다."

$$\log x = \log(10^n \times a) = n + \log a \ (0 \leq \log a < 1)$$

이때, 마법사들은 n을 $\log x$의 지표라고 부르고 $\log a$의 값을 $\log x$의 가수라고들 하지요.

이제까지 알아본 것은 상용로그의 지표와 가수를 찾는 방법이고, 이제부터가 진짜 상용로그의 지표와 가수의 성질이라고 할

수 있습니다. 벌써부터 dd는 성질을 부리며 불을 마구 뿜기 시작합니다. 지금 우리 주변에는 무수히 많은 소방대원들이 모여 무슨 일이 일어났을 때를 대비하고 있습니다. 크아하하 ---

dd의 괴성을 뒤로하고 나는 지표의 성질을 설명하겠습니다.

지표의 성질은 정수 부분이 n자리인 상용로그의 지표는 $n-1$이 됩니다. 예를 들어 $\log 4.32 = 0.6355$라고 하면 $\log 4320$은 진수의 정수 부분이 네 자리이므로 지표는 $4-1=3$이라는 소리입니다. 크아아-- dd의 괴성입니다.

네이피어가 들려주는 로그 이야기

가수는 그대로 0.6355입니다. 다음으로 log0.0432는 소수 둘째 자리에서 처음으로 0이 아닌 숫자가 나타납니다. 그래서 지표를 −2라고 씁니다. 또는 다르게 $\frac{(분자)}{2}$ 라고도 나타냅니다. 가수는 같은 가수입니다.

그래서 소수 n째 자리에서 처음으로 0이 아닌 숫자가 나타나는 수의 상용로그의 지표는 −n 또는 $\frac{(분자)}{n}$ 입니다.

네 자리
$$\log 4320 = 3 + 0.6355$$
진수의 배열이
같으면 가수가 같다

$$\log 0.0432 = -2 + 0.6355$$
소수 둘째 자리

한편, 지표와 가수를 알면 상용로그의 지표와 가수의 성질을 이용하여 dd의 진면목 상용로그의 진수를 구할 수 있습니다.

dd가 밑을 감추고 있더라도 상용로그의 밑은 10이므로 숨은 10을 찾아 계산할 수 있었습니다. 그리고 숫자의 배열이 같은 수들의 상용로그의 값을 구하는 문제는 진수의 숫자의 배열이 같으면 가수가 같은 것을 알 수 있습니다. 앞에서 우리가 해온 것을 잘 생각하면 알 수 있는 내용입니다. 생각이 안 나면 찾아보면 됩니다. 그것도 싫다면 dd의 불기둥 맛을 좀 봐도 좋아요. 아주 뜨끔한 맛일 겁니다. 크아아아하!

자, 이제 상용로그의 파워를 보여 주겠습니다. dd 준비됐나요? 오~케이!

거듭제곱으로 나타내어진 큰 수가 몇 자리인지 알아볼 때는 상용로그의 지표의 성질, 아니 dd가 성질을 부리면 알 수가 있습니다. dd가 어떻게 성질을 내면서 몇 자리 수인지를 알아내는지 한 번 지켜봅니다.

2^{50}이 '나는 몇 자리 수일까?' 하면서 약 올리며 dd에게 다가옵니다. dd는 불을 뿜어 태워 버리고 말까하고 생각했지만 우리 학생들을 위해 참고 있습니다. 아름답습니다. 옛날의 dd라면 문제고 뭐고 성질나면 다 태워 버리고 말았을 것입니다. 주위를 온통 불바다로 만들어 버렸지요. 하지만 dd도 나랑 함께 여러분께 수학을 가르쳐 주면서 성질이 많이 순해졌습니다. 하지만 아직 욱하는 성질이 다 죽지는 않았습니다. 코에서 검은 김이 나오는 것을 보면 알 수 있습니다.

네이피어가 들려주는 로그 이야기

dd는 2^{50}이 더 다가오기를 기다리며 숨을 죽이고 있습니다. 드디어 2^{50}이 사정거리 내에 들어오자 dd는 침착하게 자신의 특기인 상용로그를 걸어 버립니다.

$\log 2^{50}$ 녀석이 걸려들었습니다. 이제 켁로그가 목말 성질을 이용하여 녀석에게 있는 지수로서의 50을 앞으로 끌어내립니다. 그래서 $50\log 2$가 됩니다. 이때 하늘의 신이 나타나서 '하늘은 스스로 돕는 자를 돕는다' 라고 말하며 $\log 2 = 0.3010$이라는 것을 일러줍니다. 그래서 dd가 $50\log 2$에 붙어 있던 $\log 2$를 한 입에 떼 내어 버리고 그 자리에 0.3010을 붙여 줍니다.

$$50 \times 0.3010$$

가운데 곱하기가 생긴 것은 마치 떼 냈다가 다시 붙인 자국 같습니다. 원래부터 숨어 있던 곱하기였는데 말이죠.

$50 \times 0.3010 = 15.05$입니다. 따라서 $\log 2^{50}$의 지표가 15이므로 2^{50}은 16자리 수입니다. 자리의 수는 지표 더하기 1입니다. 반드시 기억해 두세요. 자릿수는 '지표＋1'이라는 사실!

어떤 사탄이 나타나서 별것 아니라고 하자 dd가 2^{50}에 붙어 있는 로그를 떼 내고 직접 계산해 보라고 합니다. 그러자 사탄은 태연히, $2 \times 2 \times 2 \times 2 \times 2 \times$ ······(50번을 곱하면 된다고 했으니)······2×2 이러고 있는 겁니다. 드디어 dd가 성질나기 시작합니다. dd는 '어디서 이런 건방진 사탄이!' 라고 외치며 자신의 입 안에 있던 여의주를 살짝 옆에다 뱉어 놓고 콰악~ 불기둥을 뿜어 냅니다. 사탄은 건방지게 죽었습니다. 그러자 주위에서 대기하고 있던 소방수들이 사탄만 타고 불이 다른 곳으로 번지지 않게 계속 물을 뿌려줍니다. 그럼, 나는 이만 이번 수업을 마치겠습니다. 뜨거워서 더 이상 수업을 못하겠습니다.

일곱번째 수업 정리

① 정수를 logN의 지표, 0 또는 양의 소수를 logN의 가수라고 하고 logN을 다음과 같이 나타냅니다.

logN＝(지표)＋(가수) (단, 0≦가수＜1)

② 양수 x, $x=10^n \times a$ (n은 정수, $1 \leq a < 10$)의 꼴로 나타내기 위해 등식의 양변에 상용로그를 취합니다.

$$\log x = \log(10^n \times a) = n + \log a \ (0 \leq \log a < 1)$$

이때, n을 $\log x$의 지표라고 부르고 $\log a$의 값을 $\log x$의 가수라고 합니다.

로그의 활용

이 별은 나의 별, 저 별도 나의 별 ♬
그런데 둘 중에 어떤 게 더 밝을까?
고민이군, 차라리 박테리아 키를 재어 볼까?
로그면 다 됩니다.

로그가 일상생활에서는 어떻게 활용되는지 알아봅니다.

미리 알면 좋아요

1. **명왕성** 태양계에 있는 왜소행성. 1930년 발견 이후 태양계太陽系의 9번째 행성으로서 명왕성冥王星이라 불렸으나, 2006년 국제천문연맹에 의해 행성 지위를 박탈당하여 이후 국제소행성센터로부터 왜소행성으로 분류되어 새로운 분류 명칭을 부여받았습니다.

2. **케플러** 독일의 천문학자.《신新천문학》에서 행성의 운동에 관한 제1법칙인 '타원궤도의 법칙'과 제2법칙인 '면적속도 일정의 법칙'을 발표하여 코페르니쿠스의 지동설을 수정·발전시켰습니다. 그 뒤《우주의 조화》에 행성운동의 제3법칙을 발표하였습니다.

3. **히파르코스** 그리스의 천문학자. 천체의 조직적 관측과 그 운동의 수학적 처리의 원조로 알려져 있습니다. 저서는 남아 있지 않으나 그의 연구업적은 프톨레마이오스의 저서《알마게스트》에 수록되어 후세 천문학의 기초를 구축하였습니다.

4. **데시벨** 소리의 상대적인 크기를 나타내는 단위. 소리 세기의 비를 상용로그 취해 준 값에 10을 곱한 값입니다.

네이피어의
여덟 번째 수업

로그하면 천문학자들이 계산하는 수고를 덜어서 그들의 수명
을 두 배로 연장시켰다는 라플라스의 말이 떠오릅니다.

1972년 3월에 발사된 파이어니어Pioneer 10호는 1983년에 명
왕성 궤도를 통과하게 됩니다. 인류가 만든 인공위성으로는 최초
로 태양계 밖을 벗어나게 되었습니다. 파이어니어 10호는 200만
년 후에 황소자리의 적색 왜성 알데바란에 도달할 것입니다. 하
지만 우리는 그때가 되기도 전에 이미 지구상에 없는 사람들이

되겠지요. dd가 좀 오래 살지만 그래도 200만년까진 살지 못합니다. 우리 후손들은 아마도 알데바란에 파이어니어 호가 도달하는 날 축제를 벌이겠지요.

만일 케플러(나처럼 옛날 천문학자)에게 초속 12.24km의 속도로 날아가는 파이어니어 10호가 언제 황소자리에 도달하겠냐는 문제를 내면 케플러는 당시 내가 고안한 로그를 이용하여 계산했을 것입니다. 나는 내 생애의 마지막 20년을 로그표를 작성하는 데 보냈으나, 결국 완성은 하지 못했습니다. 대신 나의 동료 브리그스가 완성했습니다. 앞에서 말한 고마운 친구입니다.

하지만 오늘날은 케플러의 시대와는 달리 천문학적인 수의 계산에 로그표를 이용하지 않습니다. 사람의 두뇌로 방정식을 세워 컴퓨터를 이용합니다. 우주선의 경로와 시간에 따른 행성과 우주선의 위치를 결정합니다.

천문학자들의 이야기가 나왔으니, 별의 밝기에 대해 이야기를 좀 나누겠습니다. 시골집에 놀러가서 평상이라는 곳에 누워 하늘을 바라보면 무수히 많은 별들을 볼 수 있습니다. 물론 숙제를 안해서 엄마에게 머리를 한 대 쥐어 박혀도 별은 볼 수 있습니다. 그런 별들은 아픈 별입니다. 지금부터 이야기할 별의 이야기는 진짜 별들의 이야기입니다.

5월 밤 8시 경, 하늘에는 국자 모양의 별자리인 북두칠성이 떠 있습니다. 하늘에 있는 국자 모양의 북두칠성은 하늘의 모든 별들의 급식을 담당하는 큰 국자 모양입니다.

북두칠성은 큰곰자리의 꼬리를 이루는 일곱 개의 별들에게 붙여 준 이름입니다. 그리고 그들은 인간의 수명을 관장하는 별자리로 알려져 있습니다. 오늘부터 여러분들도 북두칠성에 대고 부모님이 장수하시기를 빌어 보세요.

북두칠성은 눈으로 쉽게 찾을 수 있는 2등성 내외의 별들입니다. 북두칠성은 옛날 사람들이 배를 타고 항해할 때 북극성을 찾는데 많이 이용되었습니다. 사용료 한 푼도 내지 않고요.

잠깐, 그런데 여러분은 지금 뭐하고 계세요? 모르는 용어가 나오면 바로바로 질문을 해야 바른 학생이라고 할 수 있는 것 아닙니까? 모르고 넘어가면 아무것도 남는 것이 없습니다. 2등성이라고 할 때 '등성'에 대해서 잘 아세요? 난 잘 모르겠는데…… 그럼 한번 알아 보도록 하겠습니다.

기원전 그리스의 히파르코스는 눈에 보이는 별들의 밝기에 따라 가장 밝은 별을 1등성, 가장 어두운 별을 6등성이라 하여 6등급으로 나누었습니다. 그 후 1등성의 밝기는 6등성의 밝기의 약 100배임을 알게 되었습니다. 따라서 각 등급 간의 밝기의 비가 일정하다면, 별의 등급이 1등급 작아질 때마다 별의 밝기는 $\sqrt[5]{100}$(이 기호는 그러려니 하고 넘어갑니다)≒2.5배 밝아지게 됩니다.

1856년에 발표한 포그슨의 공식에서는 별의 등급(m)과 별의 밝기(I) 사이에 다음과 같은 관계가 있다고 합니다.

$$m = -\frac{5}{2}\log I + C \ (\text{단, C는 상수})$$

무섭게 생긴 이 식을 굳이 알 필요는 없습니다. 단지 중간에 우리가 다루어온 반가운 로그가 보이지요? 지금은 그냥, '아! 이럴 때 로그가 쓰이는 구나' 라고 생각하면 됩니다.

이렇게 로그가 활용되는 것에 또 뭐가 있을까 켁로그가 쿵쿵 다가옵니다. 나는 지진이 일어 났나하고 착각을 했습니다. 그렇습니다. 지진의 강도에도 로그가 쓰입니다.

미국의 태평양 연안이나 일본 등에서는 지진이 자주 일어납니다. 과학자들의 말에 따르면 우리나라 또한 더 이상 지진의 안전지대는 아니라고 합니다. 지구 자기장은 오랜 세월 동안 변화를 나타내기 때문입니다. 그래서 언제 우리나라가 지진 위험지역이 될지 아무도 모른다는 것입니다. 에구, 겁이 나는군요. 집 주변에 대나무를 심으면 지진이 발생했을 때 대나무 숲으로 피신하면 된다는 말을 어디선가 들은 것도 같습니다. 사실인지는 모르겠습니다만.

미국 캘리포니아(건포도로 유명하지요) 공대의 교수였던 리히터는 1935년 상용로그를 이용하여 지진의 강도를 계산하는 방법을 연구하였습니다. 로그는 과학자들에게는 여전히 유용합니다. 그의 이름을 따서 리히터 지진계라고 합니다. 이제 그것을 알아봅니다.

진폭 A(μm;마이크로미터)인 지진의 강도 M은

$$M = \log A - \log A_0$$

여기서 A_0는 같은 거리에서 측정한 표준 지진의 진폭입니다. 그런데 여기서 중요한 것은 이 공식이 아니라 여기에도 상용로그가 사용되었다는 점입니다.

보세요. 우리가 모른다고 없는 것이 아니고 우리가 안 쓴다고 쓰임새가 없는 것이 아니랍니다.

우리 생활 구석구석에 수학이 있고, 또한 로그도 있는 것입니다. 박테리아처럼 우리 눈에는 보이지 않지만 우리를 괴롭히고 있는 것들도 로그로 알아내 보겠습니다. 단, 여러분들이 싫어하는 문제를 통해서 말입니다.

우리 몸속에서 번식을 하여 우리를 아프게 하는 어떤 박테리아는 구球와 같은 모양을 하고 있습니다. 이 박테리아의 부피 V는 $1.1 \times 10^{-19} \text{cm}^3$이라고 합니다. 이 박테리아의 반지름의 길이 r을 구하겠습니다. 단, $\pi = 3.14$로 계산합니다

반지름 r인 구의 부피는 $V = \dfrac{4}{3}\pi r^3$이므로 한쪽 귀퉁이에 r을 남기고 이리저리 휘휘 저어 옮기면,

$$r = \sqrt[3]{\frac{3V}{4\pi}}$$

양변에 상용로그를 취합니다. $V = 1.1 \times 10^{-19}$이므로,

$$\log r = \frac{1}{3}\left(\log 3 + \log 1.1 - 19 - \log 4 - \log \pi\right)$$

여기서 상용로그표를 이용하면,

$$\log r = \frac{1}{3}\left(0.4771 + 0.0414 - 19 - 0.6021 - 0.4969\right)$$

자, 여기서 멈추겠습니다. 여하튼 상용로그를 이용하면 구하는 박테리아의 반지름은 약 3×10^{-7}cm라는 것을 알 수 있다는 것만 기억합시다.

여러분, 박테리아의 크기를 계산한다고 많이 시끄러우셨지요? 소리의 시끄러운 정도를 나타내는 수치로 데시벨(dB)을 사용합니다. 소리의 시끄러운 정도에도 로그가 사용되므로 좀 더 알아보겠습니다. 0dB의 소리를 I_0라고 할 때, 강도가 I인 소리가 x dB이라고 하면,

$$x = 10\log\frac{\mathrm{I}}{\mathrm{I}_0}$$

인 관계로 나타냅니다. 이때도 로그가 쓰입니다.

우리 주변의 소리 세기로는 자동차 경적이 110, 번화가의 교통 소음 80, 전화벨 소리는 70, 일상적인 대화는 60 데시벨(dB) 정도의 소음입니다.

그리고 중고 자동차 판매 회사에서도 로그가 적용될 수 있습니다. 새 차의 가격을 P, t년이 지난 후의 가격을 W, 연평균 감가 상각비율을 r이라 할 때,

$$\log(1-r) = \frac{1}{t}\log\frac{\mathrm{W}}{\mathrm{P}}$$

라는 로그를 이용한 관계식이 적용됩니다.

물론 이런 감가상각을 계산하는 중고 판매 회사도 있지만 대부분은 그냥 되는 대로 파니까 장사가 허술할 수 있는 겁니다.

그리고 우리가 자주 보는 공상과학 만화책에서 등장하는 용어로 음파라는 것이 있습니다. 예를 들어, '슈퍼맨은 음파의 속력으로 날아갔다'를 말합니다. 그 음파가 벽을 투과할 때, 음파의 세

기가 A에서 B로 바뀌면 그 벽의 감쇄비 F는,

$$F = 10\log\frac{B}{A}\,(dB)$$

라는 로그를 이용한 값을 가지게 됩니다.

이토록 소중한 나의 로그가 지금은 계산기와 컴퓨터의 등장으로 많은 빛을 잃은 것도 사실입니다. 하지만 보다시피 우리가 알게 모르게 로그는 아직도 우리 삶의 구석구석을 비춰주고 있기도 합니다. 아무쪼록 여러분들도 체험적 시간이라는 알찬 삶을 사는 학생들이 되기를 기원하며 나, 네이피어와 켁로그, dd는 이만 수학적 상상의 세계로 돌아가겠습니다. 이제 앞으로 여러분들이 로그를 볼 때마다 우리들을 생각해 주기를 바랄게요. 끝!

네이피어가 들려주는 로그 이야기

⠿여덟번째
수업 정리

❶ 1856년에 포그슨의 공식에는 별의 등급(m)과 별의 밝기
(I) 사이의 관계는 다음과 같다고 합니다.

$m=-\dfrac{5}{2}\log I+C$ (단, C는 상수)

❷ 진폭 A(μm;마이크로미터)인 지진의 강도 M은

$M=\log A-\log A_0$

여기서 A_0는 같은 거리에서 측정한 표준 지진의 진폭입니다.

❸ 중고 자동차 판매 회사에서도 로그가 적용될 수 있습니다.
새 차의 가격을 P, t년이 지난 후의 가격을 W, 연평균 감가상각
비율을 r이라 할 때,

$\log(1-r)=\dfrac{1}{t}\log\dfrac{W}{P}$ 라는 로그를 이용한 관계식이 적용됩니다.

❹ 음파의 세기가 A에서 B로 바뀌면 그 벽의 감쇄비 F는

$$F = 10\log\frac{B}{A} \, (dB)$$

라는 로그를 이용한 값을 가지게 됩니다.